高等职业教育土建类"十四五"规划"互联网+"创新系列教材

U0719762

工程造价
原理

GONGCHENG ZAOJIA （2020定额）
YUANLI

主　编　万小华　付云霞　肖飞剑
副主编　周　锫　徐晓芳　冯建新
主　审　曾喜安

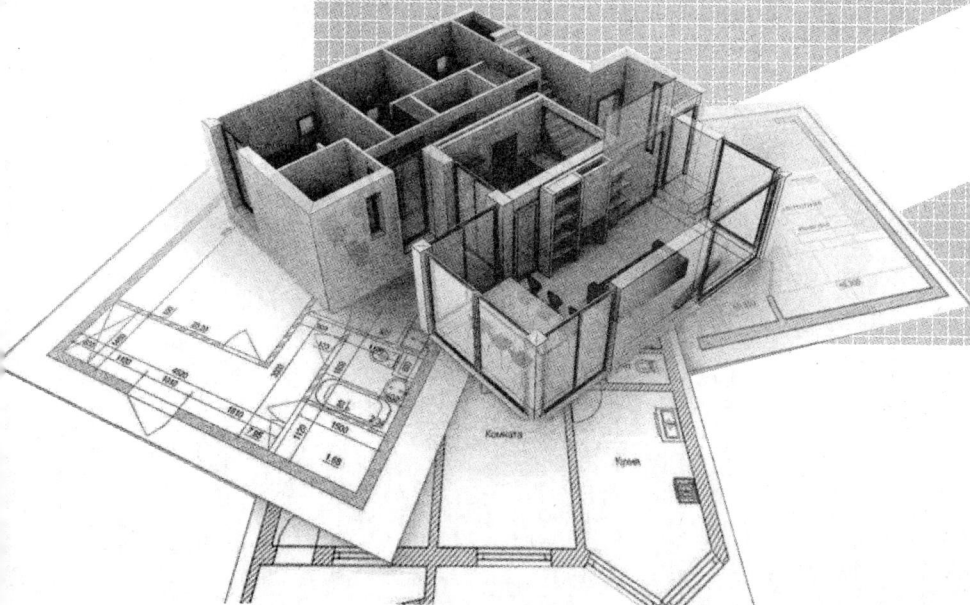

中南大学出版社
www.csupress.com.cn
·长沙·

内容简介

本书内容根据教育部"教育部高等职业学校专业教学标准(2019年7月)"中工程造价专业教学标准的工程造价原理课程标准、教育部《高等学校课程思政建设指导纲要》(2020年5月)并结合教学需要及学生学习认知规律而确定。主要包括三个内容模块,具体为:模块一,建设工程造价概论;模块二,工程建设定额的编制与应用;模块三,工程造价编制理论与方法。模块一包括建设工程造价认知,建筑安装工程造价的构成两个任务;模块二包括工程建设定额认知,人工、材料、机械台班消耗定额的确定,建筑安装工程人工、材料、机械台班单价的确定,企业定额的编制与应用,预算定额的编制与应用,概算定额、概算指标和投资估算指标的编制,工期定额的编制与应用七个任务;模块三包括工程量计算规则认知,工程造价编制理论与方法认知两个任务。同时为方便教师信息化教学,本教材开发了课程标准、授课计划、电子教案、课件等教学资源;为实现学习者的泛在化学习,本教材开发了动画、视频、导学、思政港湾、基本知识练习及基本技能训练等自主学习资源,其中动画、视频、导学、思政港湾等学习资源以二维码的形式在教材中呈现,学习者只要用手机扫一扫即可轻松实现自主学习。

本书可作为高职工程造价、建设工程管理、建设工程经济管理、建筑工程技术等专业的教材,亦可作为工程造价从业人员业务学习和考试的参考书。

高职高专土建类"十四五"规划"互联网+"创新系列教材编审委员会

出版说明 INSTRUCTIONS

为深入贯彻党的十九大精神和全国教育大会精神，落实《国家职业教育改革实施方案》（国发〔2019〕4号）和《职业院校教材管理办法》（教材〔2019〕3号）有关要求，深化职业教育"三教"改革，全面推进高等职业院校土建类专业教育教学改革，促进高端技术技能型人才的培养，依据国家高职高专教育土建类专业教学指导委员会高等职业教育土建类专业教学基本要求和国家教学标准及职业标准要求，通过充分的调研，在总结吸收国内优秀高职高专教材建设经验的基础上，我们组织编写和出版了这套高职高专土建类专业规划教材。

高职高专教学改革不断深入，土建行业工程技术日新月异，相应国家标准、规范，行业、企业标准、规范不断更新，作为课程内容载体的教材也必然要顺应教学改革和新形式的变化，适应行业的发展变化。教材建设应该按照最新的职业教育教学改革理念构建教材体系，探索新的编写思路，编写出版一套全新的、高等职业院校普遍认同的、能引导土建专业教学改革的系列教材。为此，我们成立了规划教材编审委员会。规划教材编审委员会由全国30多所高职院校的权威教授、专家、院长、教学负责人、专业带头人及企业专家组成。编审委员会通过推荐、遴选，聘请了一批学术水平高、教学经验丰富、工程实践能力强的骨干教师及企业专家组成编写队伍。

本套教材具有以下特色：

1. 教材符合《职业院校教材管理办法》（教材〔2019〕3号）的要求，以习近平新时代中国特色社会主义思想为指导，注重立德树人，在教材中有机融入中国优秀传统文化、四个自信、爱国主义、法治意识、工匠精神、职业素养等思政元素。

2. 教材依据教育部高职高专教育土建类专业教学指导委员会《高职高专土建类专业教学基本要求》及国家教学标准和职业标准（规范）编写，体现科学性、综合性、实践性、时效性等特点。

3. 体现"三教"改革精神，适应高职高专教学改革的要求，以职业能力为主线，采用行动导向、任务驱动、项目载体，教、学、做一体化模式编写，按实际岗位所需的知识能力来选取教材内容，实现教材与工程实际的零距离"无缝对接"。

4. 体现先进性特点，将土建学科发展的新成果、新技术、新工艺、新材料、新知识纳入教材，结合最新国家标准、行业标准、规范编写。

5. 产教融合，校企双元开发，教材内容与工程实际紧密联系。教材案例选择符合或接近真实工程实际，有利于培养学生的工程实践能力。

6. 以社会需求为基本依据，以就业为导向，有机融入"1+X"证书内容，融入建筑企业岗位(八大员)职业资格考试、国家职业技能鉴定标准的相关内容，实现学历教育与职业资格认证的衔接。

7. 教材体系立体化。为了方便教师教学和学生学习，本套教材建立了多媒体教学电子课件、电子图集、教学指导、教学大纲、案例素材等教学资源支持服务平台；部分教材采用了"互联网+"的形式出版，读者扫描书中的二维码，即可阅读丰富的工程图片、演示动画、操作视频、工程案例、拓展知识等。

高职高专土建类专业规划教材

编 审 委 员 会

前言 PREFACE

　　工程建设程序分为决策阶段、设计阶段、交易招投标阶段、施工及验收阶段、运营阶段，各个不同阶段对应不同的造价任务、计价方法、计价依据。了解工程造价的概念，掌握建筑安装工程造价的构成，掌握各种建筑工程定额编制原理与方法，了解工程造价编制理论与方法，具有企业定额、预算定额、概算定额、概算指标和投资估算指标、工期定额等各种不同定额的应用能力是工程造价人员的基本要求。

　　本书介绍了工程造价的概念、建筑安装工程造价的构成，人工、材料、机械台班消耗定额的确定方法、建筑安装工程人工、材料、机械台班单价的确定方法，企业定额、预算定额、概算定额、概算指标和投资估算指标、工期定额的编制与应用方法，建筑面积的确定方法，工程造价编制理论与方法，是建设工程造价人员学习的必备教材。

　　本书的特点是：①贯彻 2020 年 5 月 28 日教育部印发的《高等学校课程思政建设指导纲要》，以立德树人为目标，将思政元素融入书中；②以教育部职业教育与成人教育司组织修订2018 年发布的《高等职业学校工程造价专业教学标准》为依据；③以湖南省高等职业院校工程造价专业技能抽查标准为依据；④符合高等职业学校学生认知规律；⑤为适应信息化教学的需要，开发了线上线下课程教学与学习资源，书中编写了大量的案例和基础知识练习与基本技能训练题，编排了任务导学、电子课件、教学视频、思政港湾题库；⑥根据"1+X"证书书证融通要求将"造价员"技能等级证书考核有关内容融入课程；⑦根据最新颁布执行的有关规范、计价办法、定额编写，紧贴社会需要与工程实际。在编写过程中，力求做到语言精炼、通俗易懂、博采众长、理论联系实际。本书不仅可作为高职院校工程造价、建设工程管理、建筑工程技术等专业的教材，亦可作为工程造价从业人员学习和考试用书。

　　本书共分三个模块，其中：模块一、模块二中的任务 1 至任务 4、任务 6、任务 7，模块三由湖南工程职业技术学院万小华、徐晓芳、周锴、冯建新、刘剑勇及湖南水利水电职业技术学院肖飞剑、湖南有色金属职业技术学院佘勇、长沙远大住宅工业集团股份有限公司李云编写；模块二中的任务 5 及任务 7 中的 7.3 建筑面积的计算由湖南高速铁路职业技术学院付云霞编写。全书由湖南工程职业技术学院万小华统稿和修改，由中国建筑五局总承包公司教授级高级工程师、副总经理曾喜安担任主审。

编　者

2021 年 7 月

目 录 CONTENTS

模块一　建设工程造价概论

模块二　工程建设定额的编制与应用

2

模块三　工程造价编制理论与方法

模块一

建设工程造价概论

任务一　建设工程造价认知

工程造价有两种含义，区分清两种含义的目的在于为投资者和以承包商为代表的供应商在工程建设领域的市场行为提供理论依据。工程造价计价，就是指按照规定的计算程序和方法，用货币的数量表示建设项目(包括拟建、在建和已建的项目)的价值。

【知识目标】

(1)了解建设项目参与主体的形成与演进过程；

(2)掌握工料测量师及工程造价咨询机构的形成与演进过程；

(3)掌握工程造价的概念；

(4)了解交易阶段工程造价的表现形式及形成过程；

(5)掌握建设项目工程造价计价原理；

(6)了解工程建设全过程中工程造价的表现形式、计价方式及计价依据。

【技能目标】

(1)能正确说明建设项目的参与主体形成与演进过程；

(2)能正确理解工程造价的概念；

(3)能正确说明建设项目工程造价形成的全过程。

【素质目标】

(1)具有良好的职业道德和诚信品质；

(2)具有较强的敬业精神和公平公正意识；

(3)具有节约资源、环保意识；

(4)具有较好的吃苦耐劳、精益求精的工匠精神；

(5)具有查找资料、使用资料的能力。

1.1　工程造价与建筑产品价格等概念的界定

一、建设项目参与主体的形成与演进

(一)业主加工匠共同参与阶段

最原始的建设项目组织形式是由业主自己建造的，业主几乎需要完成工程建设过程所有的工作，如建筑设计、材料采购、施工建造以至装饰装修，可以想象业主的工作量多么庞大，因而此种方式适用于最简单和最基本的生产、居住用房，目前在我国部分农村地区依然可以见到这种建设方式。随后进一步发展到业主直接雇佣工匠进行施工，而业主自己做技术人员和管理人员去完成项目设计和组织管理工作。此时业主与工匠形成雇佣关系，工匠完成自己分工的任务，从业主那里获得报酬。在这种方式下，建设项目的实施过程是工匠与业主之间以及不同的工匠之间的分工

工程造价与建筑产品价格等概念的界定-导学

建设项目参与主体的形成与演进

3

协作。

(二)业主加设计人员和施工承包商共同参与阶段

17世纪到18世纪资本主义的社会化生产大发展,使共同劳动的规模日益扩大,劳动分工和协作越来越细、越来越复杂,建筑业的分工也开始逐步细化。最先是业主从项目建设具体任务中脱离出来,开始由工匠负责设计和施工。随后,设计与施工又发生了进一步的专业划分和分工,出现了建筑设计师和专门负责建造的施工承包商,这使得工程建设过程中出现了三个参与主体的格局,建设设计师与施工承包商都变成了各自独立向业主提供项目建设服务的参与主体。这个时期,设计和施工分离并各自形成一个独立专业,承包商需要有人帮助他们对已完成的工作进行测量和估价,以确定所得报酬。这些人在英国被称为工料测量师(qwuantity surveyor,QS)。这时的工料测量师是在建筑设计和施工完毕以后才去测量工程量和估算工程造价的。

(三)业主加设计人员和施工承包商及中介机构共同参与阶段

19世纪初期,资本主义国家在工程建设中开始普遍实施招标承包制,由于建筑市场上买卖双方的出现,他们在买价和卖价的确定与控制上存在着各自的利益,从而需要有第三方提供中介咨询服务。特别是随着建设项目规模与复杂性的提高,业主和承包商们自己确定和控制工程造价变得非常困难,这就要求由专业人员或机构在设计之后和开工之前就进行测量和估算,根据图纸算出实物工程量并汇总成工程量清单,为招标者制定标底或为投标者做出报价。这一时期,量价分离的框架开始逐步形成,所以以第三方的身份出现并独立执业的专业工程咨询机构受到了这种服务买主的欢迎。他们分别为业主和承包商提供建设项目工程造价的确定、结算与控制等方面的服务。其中,专业中介机构是最早独立地从事建设项目工程造价管理的测量师事务所,或叫造价管理咨询公司。与此同时,工程监理等中介机构也逐步实现了独立。最初对建设项目施工的监理工作是由业主派驻现场的监督管理人员完成的,后来演变成由业主委托建筑师对工程施工进行监理。但是建筑师从事施工监理存在角色冲突问题:对业主,他既是设计服务的提供者,又是业主利益的维护者;对施工方,他既是承担设计责任的设计者,又是有决定设计变更、施工质量与进度的业主代理人。这种角色冲突使得他不宜承担工程监理的工作,所以出现了社会化的监理中介机构,他们以独立第三方的身份从事工程监理,为业主提供项目质量、进度、投资控制等方面的服务。至此,业主、建筑设计师、施工承包商、造价工程师、监理工程师这些参与主体形成,他们在建筑市场的环境中相互之间进行各类资源和服务的交易。

(四)业主加设计、施工承包商、中介机构及专业承包商共同参与阶段

20世纪80年代以来,在英美等发达国家的建筑市场上又出现了提供专业工程管理服务的中介机构,他们主要以工程管理承包或工程管理取费的方式向业主提供建设项目施工管理服务。同时,施工承包商的专业技术分工也进一步细化,大量的专业承包商(分包商)独立出来。例如,工程安装公司、工程装饰公司,甚至进一步细分出来的机械安装公司、电器安装公司、水暖安装公司等专业公司,以及如屋顶专业建筑公司、天花板悬吊公司、建筑油漆专业公司、结构装配专业公司、建筑防水公司等各种各样的单一性、专一化的承包商相继出现。进而在工程施工专业分工中又产生了总包商、分包商和专业分包商等一些新的层次和界面。图1-1表示了建筑业中各参与主体的演进过程。

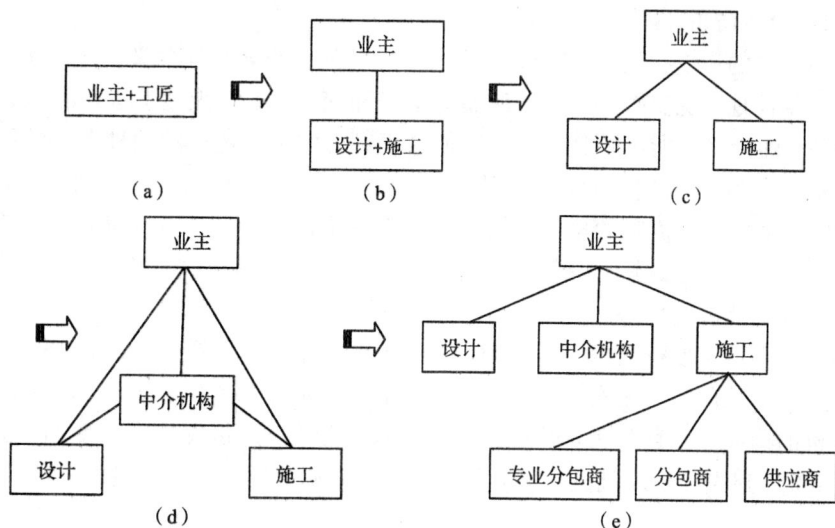

图 1-1 建筑业中各参与主体的演进示意

从上面的叙述中可以知道，现在的项目建设已经成了需要由多个主体合作完成的系统工程。这样就带来一个问题，这许许多多的参与主体是如何实现分工协作的，它们各自的利益是如何分配的？当然，这个问题很容易回答，我们都知道市场环境下的价格机制这只"看不见的手"可以实现资源的配置，工程项目建设过程中各种资源、服务都可以通过市场价格机制实现交易。但由于建设项目生产过程周期较长、投资耗费大等特殊性表现出工程项目价值形成的过程比较复杂，其价格的构成内容比较繁杂、核算比较困难，与普通商品的价格有着显著的区别，如普通商品是先有商品、后有交易（价格），而建设项目则是先有交易（价格），后有产品，那么工程造价的确定问题自然成为工程建设过程中的核心问题。那么工程造价是如何确定的呢？

二、工程造价与建筑产品价格等概念的界定

（一）工程造价

工程造价的第一种含义是指建设一项工程预期开支或实际开支的全部固定资产投资费用，也就是一项工程通过建设形成相应的固定资产、无形资产所需用的一次性费用总和。这一含义是从投资者——业主的角度定义的。投资者选定一个投资项目，为了获得预期的效益，就要通过项目评估进行决策，然后进行设计招标、工程招标，直至竣工验收等一系列投资管理活动。在投资活动中所支付的全部费用形成了固定资产和无形资产，所有这些开支就构成了工程造价。从这个意义上讲，工程造价就是工程投资费用，建设项目工程造价就是建设项目固定资产投资。

工程造价的第二种含义是指工程价格，即为建成一项工程，预计或实际在土地市场、设备市场、技术劳务市场，以及承包市场等交易活动中所形成的建筑安装工程的价格和建设工程总价格。显然，工程造价的第二种含义是以社会主义市场经济为前提的，即以工程这种特定的商品形式作为交易对象，通过招投标、承发包或其他交易方式，在进行多次性预估的基

工程造价的概念

础上，最终由市场形成的价格。

由于计划经济的影响，我国长期以来只认同工程造价的第一种含义，把工程项目建设简单地理解为一种计划行为，而不是一种商品的生产和交换行为，因此造成了我国建筑市场的价格扭曲现象，即价格不能反映其价值。我们这里区分清工程造价的两种含义的原因在于为投资者和以承包商为代表的供应商在工程建设领域的市场行为提供理论依据。当政府提出降低工程造价时，是站在投资者的角度充当着市场需求主体的角色；当承包商提出要降低工程造价，提高利润时，他是要实现一个市场供给主体的管理目标。这是市场运行机制的必然，不同的利益主体不能混为一谈。

根据国家计委审定发行的《投资项目可行性研究指南》（计办投资〔2002〕15号）以及住房和城乡建设部与财政部联合发布的《建筑安装工程费用项目组成》（建标〔2013〕44号），我国现行工程造价的构成主要划分为：设备及工器具购置费用，建筑安装工程费用，工程建设其他费用，预备费，建设期贷款利息，固定资产投资方向调节税等几项（见图1-2）。

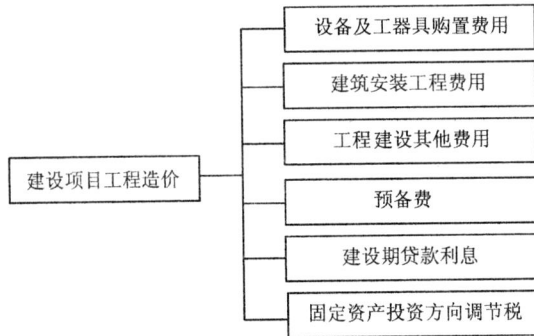

图 1-2　我国现行工程造价构成

(二)建筑产品价格

所谓建筑产品，就是指建筑业经过勘察设计、建筑施工以及设备安装等一系列劳动而最终形成的，具有一定功能、可供人类使用的最终产品，它包括生产性固定资产和非生产性固定资产。在我国通常把建筑工程分为工业建筑、民用建筑（包括居住建筑、公用建筑、特殊建筑、车库、冷库等）、其他建筑、构筑物（水塔、烟囱、游泳池等）。

广义的建筑产品价格涉及生产价格和流通价格两个价格范畴。生产价格就是指建筑产品的价格，即在施工阶段承发包等交易活动中所形成的建筑安装工程的价格和建设工程总价格。建筑产品流通价格的概念在当前的市场经济中，逐渐有了较高的使用频率，这表明随着要素市场的逐步建立与完善，原先作为固定资产和生产资料的建筑物或构筑物也能够在市场上像其他一般商品一样进行流通，实现资源优化配置。

(三)工程价格

在项目建设中，工程价格可以认为是通过招投标确定的工程造价。工程价格是指投标人提出要约（进行投标），招标人承诺（发出中标通知书）所确定的合同价格。工程价格特指建设项目承发包阶段的工程造价，是工程造价的表现形式之一。在工程招标投标中，招标控制价是招标人期望的预先确定的工程价格，投标报价是投标人提出的能够反映其水平的工程价格，投标人中标后所签订的工程合同价格是招标人和投标人最终确定的工程价格，显然工程价格只是承发包过程中才产生的。

狭义的建筑产品价格、工程造价的第二种含义和工程价格基本上表达的是同一种含义，即以市场经济为前提，以工程、设备、技术等特定商品作为交易对象，通过招标或其他交易方式，在各方进行反复测算的基础上，最终由市场形成的价格。工程造价三种不同的表达方式，表达了不同的历史时期人们对价格的认识倾向。

1.2 交易阶段的工程造价形成过程

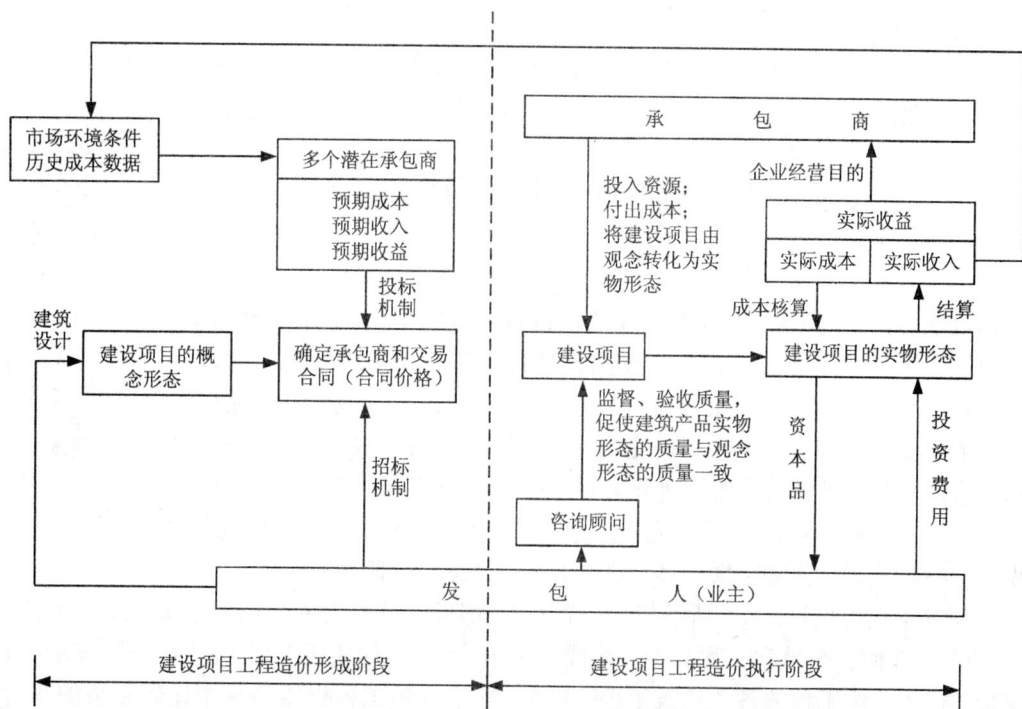

市场环境下的建设项目交易过程可以用图 1-3 表示。从图 1-3 可以看到建设项目交易分为两个阶段：一个是项目价格形成阶段，另一个是合同价格执行阶段。

交易阶段工程造价的
形成过程-导学

在一般市场上，供给者向市场提供商品，并不选择具体的需求者；而需求者则侧重于选择商品而不是供给者。但在建设项目承发包市场上，由于采用订货生产的方式，在项目建设之前就需要确定交换关系，因此供求双方的相互选择就显得特别重要。由于供求双方各自的出发点不同，在某些方面甚至存在一定的利益矛盾，因而"一对一"交换方式成功的可能性较小，难以确立双方都能接受的交换条件。采取招投标竞争方式，就为供求双方在较大的范围内进行相互选择创造了条件，为特定建设项目投资者与建设者在最佳点上结合提供了可能。

交易阶段的工程造价
形成过程

图 1-3 市场环境下建设项目交易过程

在建设项目招投标竞争中，最明显的就是承包商之间的竞争，而这种竞争最直接、最集中的表现则是价格的竞争。通过投标机制，承包商之间根据各自的预期成本、预期收入、预期收益报价，这种相互竞争降低了工程价格，无疑有利于投资者节约投资，提高投资效益。但要注意的是，任何产品的价格与其价值（即投入在该产品生产过程中的生产资料价值和劳动者新创造的价值）都有着一定的内在联系。承包商之间的价格竞争，主要通过不同劳动消耗水平之间的竞争使工程劳动消耗处于社会必要劳动消耗水平上，这个阶段就是建设项目价格的形成阶段。

建设项目工程造价在招投标竞争中形成，一般分成标底（招标控制价）、投标报价以及合同价三个形成阶段。标底（招标控制价）是指在招标前由招标人制定的完成拟建工程的工程造价，标底（招标控制价）是项目招标所依据的基础价格，是评标、定标过程中优选中标人、判断投标价是否合理的一个重要考核尺度。因此，制定标底（招标控制价）要坚持"合理、可行"的原则，既要考虑努力降低项目投资的需要，也要满足承包商正常经营的要求。合理的标底应能够使参加投标的承包商，在按照合理工期、正常施工的条件下获得合理盈利。

确定中标人后，经过投标人与中标人对工程合同进行协商，将经协商后适当修正的中标价列入工程合同价格条款，中标价即转化为合同价格。对于一些施工周期长、建设规模大的工程，由于施工过程中诸如重大设计变更、材料价格变动等情况难以事先预料，所以合同价格还不是建设项目的最终实际价格。这类项目的最终实际工程造价，由合同价和各种费用调整后的差额组成。在工程竣工验收后，发包人按竣工结算价格向承包商支付全部工程价款，标志着建设项目价格执行完成。需要注意的是，建设项目交易的全过程只有一个交易价格。

（1）这种价格是在交易关系确定时形成的，不管交易在何时执行或需要多长时间执行，它只有这一个价格。

（2）这种价格是一种合同价格，或者说是一种价格规则，这种规则规定对未来各种条件的变化如何处理；其次，结算价款不是交易价格，而只是执行交易价格的结果。

1.3 建设项目工程造价计价基本原理

所谓工程造价计价，就是指按照规定的计算程序和方法，用货币的数量表示建设项目（包括拟建、在建和已建的项目）的价值。工程造价计价的基本原理就在于项目的分解与组合。建设项目具有单件性与多样性组成的特点，每一个建设项目的建设都需要按业主的特定需要进行单独设计、单独施工，因而不能批量生产和按整个项目确定价格，只能采用特殊的计价程序和计价方法，即将整个项目进行分解，划分为可以按有关技术经济参数测算价格的基本构造要素（或称分部、分项工程），这样就很容易地计算出基本构造要素的费用。一般来说，分解层次越多，基本子项也越细，计算越精确。

任何一个建设项目（如一所学校、一个工厂）都可以分解为一个或多个单项工程（如办公楼、车间）；任何一个单项工程都由一个或多个单位工程（如建筑工程、装饰工程、安装工程）所组成，作为单位工程的各类建筑工程、装饰工程、安装工程仍然是一个比较复杂的综合实体，还需要进一步分解，就建筑工程而言，又可以按照施工顺序细分为土石方工程、砖石砌筑工程、混凝土及钢筋混凝土工程、木结构工程、楼地面工程等分部工程；分解为分部工程

建设项目工程造价
计价基本原理-导学

建设项目工程造价
计价基本原理

后，虽然每一部分都包括不同的结构和装修内容，但是从工程计价的角度来看，还需要把分部工程按照不同的施工方法、不同的构造及不同的规格，加以更为细致的分解，划分为更为简单细小的部分。经过这样逐步分解到分项工程后，就可以得到建设项目的基本构造要素了。然后再选择适当的计量单位并根据当时当地的单价，采取一定的计价方法，进行分部分项组合汇总，便能最终计算出工程总造价了。

目前我国同时存在两种工程造价计价方法，分别为定额计价法和工程量清单计价法，称为双轨制。简单来说，我国工程造价计价的主要思路也是将建设项目细分至最基本的构成单位(如分项工程)(见图 1-4)，用其工程量与相应单价相乘后汇总，即为整个建设项目造价。

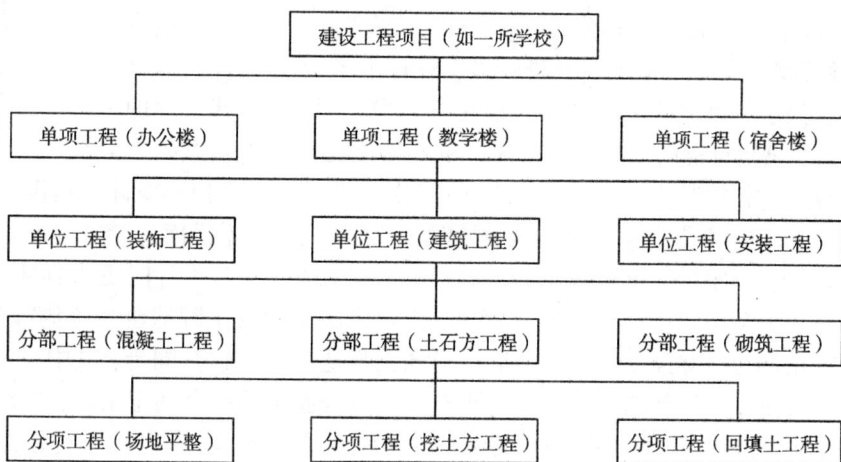

图 1-4 建设项目的层级划分

工程造价计价的基本原理是：

$$建筑安装工程造价 = \sum [单位工程基本构造要素(分项工程)工程量 \times 相应单价]$$

式中：

(1)单位工程基本构造要素即分项工程项目。定额计价时，是按工程建设定额划分的分项工程项目；清单计价时是指清单项目。

(2)工程量是指根据工程建设定额的项目划分和工程量计算规则计算分项实物工程量。工程实物量是计价的基础。

目前，工程量计算规则包括两大类：一是国家标准《建设工程工程量清单计价规范》各附录中规定的计算规则；二是各类工程建设定额规定的计算规则。

(3)相应单价是指与分项工程相对的单价。定额计价时是指定额基价，即包括人工、材料、机械台班费用；清单计价时是指综合单价，除包括人工、材料、机械台班费以外，还包括企业管理费、利润和风险因素。

(4)定额分项工程单价是定额消耗量与其相应单价的乘积。用公式表示：

$$定额分项工程单价 = \sum (定额消耗量 \times 相应单价)$$

式中：定额消耗量包括人工消耗量、各种材料消耗量、各类机械台班消耗量，它的大小决定定额水平。

生产要素单价:是指某一时点上的人、材、机单价,同一时点上的人、材、机单价的高低,反映出不同的管理水平。在同一时期内,人、材、机单价越高,则表明该企业的管理技术水平越低;人、材、机单价越低,则表明该企业的管理技术水平越高。

1.4 建设项目工程造价形成全过程

建设项目生产过程是一个周期长、资源消耗量大的生产消费过程。从建设项目可行性研究开始,到竣工验收交付生产或使用,项目是分阶段进行建设的。根据建设阶段的不同,对同一工程的造价,在不同的建设阶段,有不同的名称、内容。为了适应工程建设过程中各方经济关系的建立,适应项目决策、控制和管理的要求,需要对其进行多次性计价。

建设项目处于项目建议书阶段和可行性研究报告阶段,拟建工程的工程量还不具体,建设地点也尚未确定,工程造价不可能也没有必要做到十分准确,此阶段的造价定名为投资估算。在设计工作初期阶段,对应初步设计的是设计概算或设计总概算,当进行技术设计或扩大初步设计时,设计概算必须做调整、修正,反映该阶段的造价名称为修正设计概算;进行施工图设计后,工程对象比初步设计时更为具体、明确,工程量可根据施工图和工程量计算规则计算出来,对应施工图的工程造价名称为施工图预算。通过招投标由市场形成并经承发包方共同认可的工程造价是承包合同价,其中投资估算、设计概算、施工图预算都是预期或计划的工程造价。工程施工是一个动态系统,在建设实施阶段,有可能存在设计变更、施工条件变更和工料价格波动等影响,所以竣工时往往要对承包合同价做适当调整,局部工程竣工后的竣工结算和全部工程竣工合格后的竣工决算,是建设项目的局部和整体的实际造价。因此,建设项目工程造价是贯穿项目建设全过程的概念。

根据项目基本建设程序,将工程造价的性质总结为四部分。即:决策、设计阶段对应于工程成本规划,交易阶段对应于工程估价,施工阶段对应于合同管理,项目运营阶段对应于设施管理。工程造价的形成过程在各阶段有不同的表现形式,如图1-5所示。

一、决策阶段的投资估算

投资估算是指依据现有的资料和特定的方法,对建设项目未来发生的费用进行预测和确定的过程。投资估算的主要依据有批准的项目建议书、已完工程成本数据、投资估算指标。常用的估算方法有系数估算法、比例估算法、生产能力指数、指标估算法、投资分类估算法。

二、设计阶段的设计概算和施工图预算

1.设计概算

设计概算是由设计单位根据设计图纸、说明和造价管理部门颁发的计价依据等资料,编制的建设项目从筹建到竣工交付使用所需全部费用的文件。经审核批准后的设计概算既是编制建设项目投资计划、确定和控制建设项目投资的依据,又是签订建设工程合同和货款合同的重要性依据,也是建设项目投资的最高限额。可以说,设计概算是整个工程建设造价控制过程中非常重要的环节。设计概算的主要依据有已完类似工程数据、工程建设定额资料、工程造价信息。

工程建设阶段	成本规划			工程估价	合同管理	设施管理
	决策阶段	设计阶段		交易招投标阶段	施工及验收阶段	运营阶段
工程造价内容表现形式	投资估算	设计概算	施工图预算	投标报价 / 招标控制价	工程结算 → 工程决算	全生命周期成本 / 运营成本
计价方法	单位生产能力估算法 生产能力指数法 因子估算法 估算指标法	概算定额法 概算指标法 类似工程预算法	工料单价法 综合单价法	定额计价法 / 工程量清单计价法	工程预付款支付 工程进度款支付 工程变更管理 工程索赔管理 竣工结算与决算	
计价依据	批准的项目建议书 已完工程成本数据 投资估算指标	已完类似工程数据 工程建设定额资料 工程造价信息	材料及设备价格 设计图纸 工程建设定额资料 工程造价信息	概算定额 工程量清单 工程量清单计价规范 招标文件 《施工招标规范》等	工程量清单 施工合同 《合同法》相关条款 现场签证	

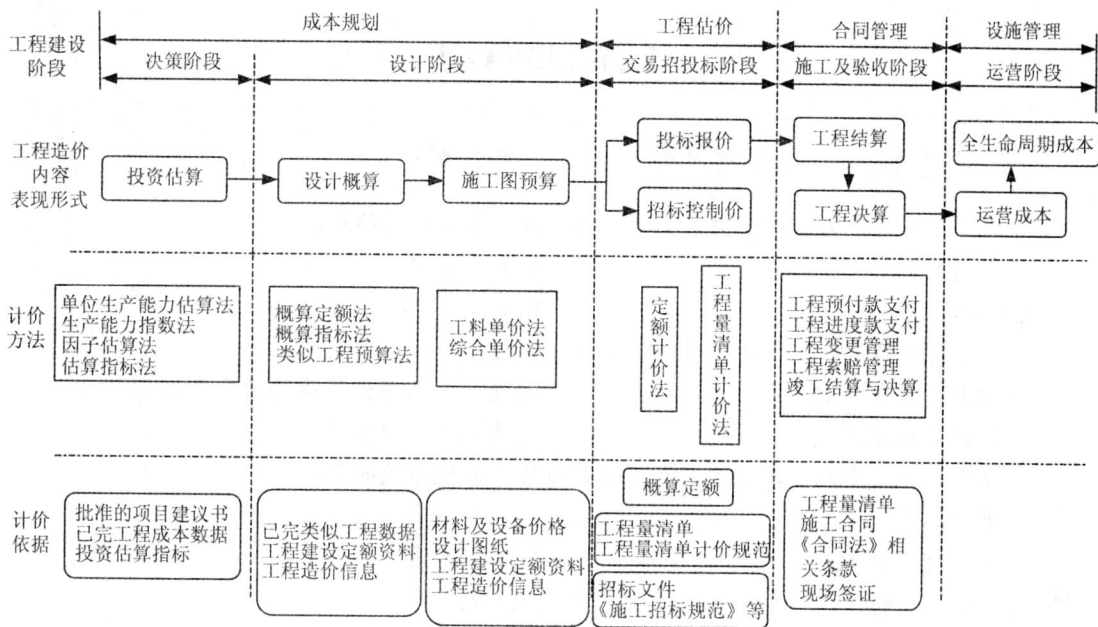

图 1-5　中国建设工程造价全过程计价形式

2. 施工图预算

施工图预算是由设计单位在施工图设计完成后，根据施工设计图纸、现行预算定额、费用定额以及地区设备、材料、人工、施工机械台班等预算价格编制和确定的建筑安装工程造价的文件，它是招投标的重要基础，同时也是工程量清单编制和标底编制的依据。施工图预算的编制可以采用工料单价法和综合单价法。施工图预算的编制依据有材料及设备价格、设计图纸、工程建设定额资料、工程造价信息。

三、交易阶段的工程估价

交易阶段的工程估价，即发包人编制标底（招标控制价）、承包人编制投标报价的过程。按定额计价法和工程量清单计价法，其主要依据有预算定额、工程量清单计价规范等。

四、施工阶段的工程价款结算、支付与调整

在施工阶段，发包人需按工程合同规定的方式向承包人支付工程款以作为其劳动报酬。工程价款结算包括工程预付款、工程进度款、质量保证金、工程竣工结算以及合同价格的调整。施工阶段的工程价款结算、支付与调整的依据有工程量清单、施工合同、《合同法》相关条款、现场签证。

【思政港湾】

精益求精控投资

【基础知识练习】

一、单选题(以下各题有且只有一个正确答案)

1. 以下工程造价文件属于决策阶段工程造价的表现形式的是(　　)。

A. 投资估算　　　　　　　　　　　B. 设计概算

C. 施工图预算　　　　　　　　　　D. 工程结算

2. 以下关于造价管理咨询公司的说法正确的是(　　)。

A. 隶属于施工单位　　　　　　　　B. 是专业从事造价咨询的中介机构

C. 隶属于业主　　　　　　　　　　D. 隶属于设计单位

3. 以下工程造价名称属于施工阶段工程造价的表现形式的是(　　)。

A. 投资估算　　　　　　　　　　　B. 设计概算

C. 施工图预算　　　　　　　　　　D. 工程结算

4. 工程造价的第一种含义是从(　　)角度定义的。

A. 承包商　　　　　　　　　　　　B. 投资者(业主)

C. 设计师　　　　　　　　　　　　D. 监理单位

5. 工程造价计价的基本原理是：建筑安装工程造价 $= \sum$ [单位工程基本构造要素工程量×相应单价]，

单位工程基本构造要素是指(　　)。

A. 分部工程项目　　　　　　　　　B. 分项工程项目

C. 建设项目　　　　　　　　　　　D. 单项工程

6. 以下工程造价的不同表现形式中最接近工程项目实际造价的是(　　)。

A. 投资估算　　　　　　　　　　　B. 设计概算

C. 施工图预算　　　　　　　　　　D. 竣工结算

二、多选题(以下各题有两个及两个以上正确答案)

1. 建设项目工程造价在招投标竞争中形成，一般分成(　　)三个表现形式。

A. 标底(招标控制价)　　　　　　　B. 投标报价

C. 合同价　　　　　　　　　　　　D. 竣工结算价

2. 交易阶段的工程估价(包括招标控制价、投标报价)，其主要编制依据包括(　　)。

A. 估算指标　　　　　　　　　　　B. 概算指标

C. 预算定额　　　　　　　　　　　D. 工程量清单计价规范

3. 以下属于单位工程的有(　　)。

A. 建筑工程　　　　　　　　　　　B. 装饰工程

C. 安装工程　　　　　　　　　　　D. 砌筑工程

【基本技能训练】

1.将学生分为 N 个组,分别代表建设方、设计方、勘察方、施工方、监理方,采用角色扮演法,说明自己作为工程建设的参与方在工程建设中作用及应完成的任务。

2.图 1-6 为某建设项目的分解图,请在括号中填入相应的名称。

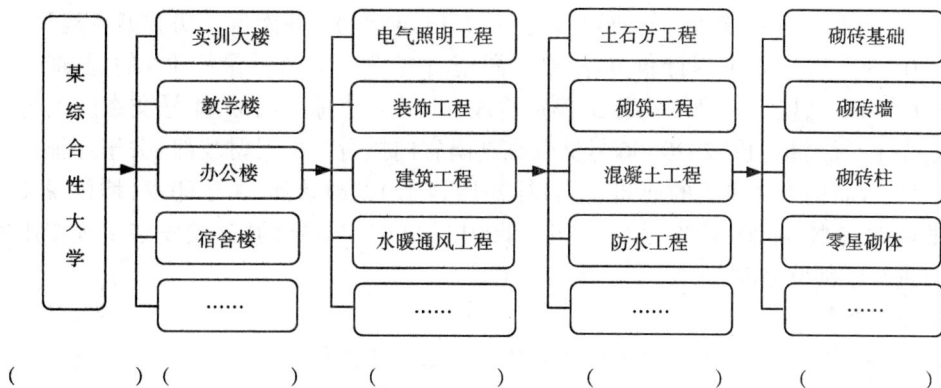

某综合性大学	实训大楼	电气照明工程	土石方工程	砌砖基础
	教学楼	装饰工程	砌筑工程	砌砖墙
	办公楼	建筑工程	混凝土工程	砌砖柱
	宿舍楼	水暖通风工程	防水工程	零星砌体
	……	……	……	……
( )	( )	( )	( )	( )

图 1-6 某建设项目的分解图

任务二　建筑安装工程造价的构成

在工程建设中，建筑安装工程是创造价值的生产活动。建筑安装工程费用作为建筑安装工程价值的货币表现，也被称为建筑安装工程造价。住房和城乡建设部、财政部"关于印发《建筑安装工程费用项目组成》的通知"（建标[2013]44号）、湖南省住房和城乡建设厅"关于印发2020《湖南省建设工程计价办法》及《湖南省建设工程消耗量标准》的通知"（湘建价[2020]56号）分别规定了建筑安装工程费构成，其中：建标[2013]44号文在全国范围内执行，起指导作用，湘建价[2020]56号文仅在湖南省内执行。根据财政部《关于停征排污费等行政事业性收费的有关事项的通知》（财税[2018]4号）及财政部《关于印发〈增值税会计处理规定〉的通知》（财税[2016]22号），对建标[2013]44号文规定的"建筑安装工程费用项目组成"内容进行了部分修改。

【知识目标】

(1)掌握建标[2013]44号文规定的建筑安装工程费构成；

(2)掌握湘建价[2020]56号文规定的建筑安装工程费构成。

【技能目标】

能正确说明建筑安装工程费用构成。

【素质目标】

(1)具有良好的职业道德和诚信品质；

(2)具有较强的敬业精神和责任意识；

(3)具有良好的团队协作能力；

(4)具有较好的吃苦耐劳、精益求精的工匠精神；

(5)具有查找资料、使用资料的能力。

2.1　建标[2013]44号文规定的建筑安装工程费构成

建标[2013]44号文
规定的建筑安装
工程费构成-导学

建标[2013]44号文
规定的建筑安装
工程费构成

一、按费用构成要素划分

建筑安装工程费按照费用构成要素划分，由人工费、材料（包含工程设备，下同）费、施工机具使用费、企业管理费、利润、规费和增值税组成。其中人工费、材料费、施工机具使用费、企业管理费和利润包含在分部分项工程费、措施项目费、其他项目费中，如图1-7所示。

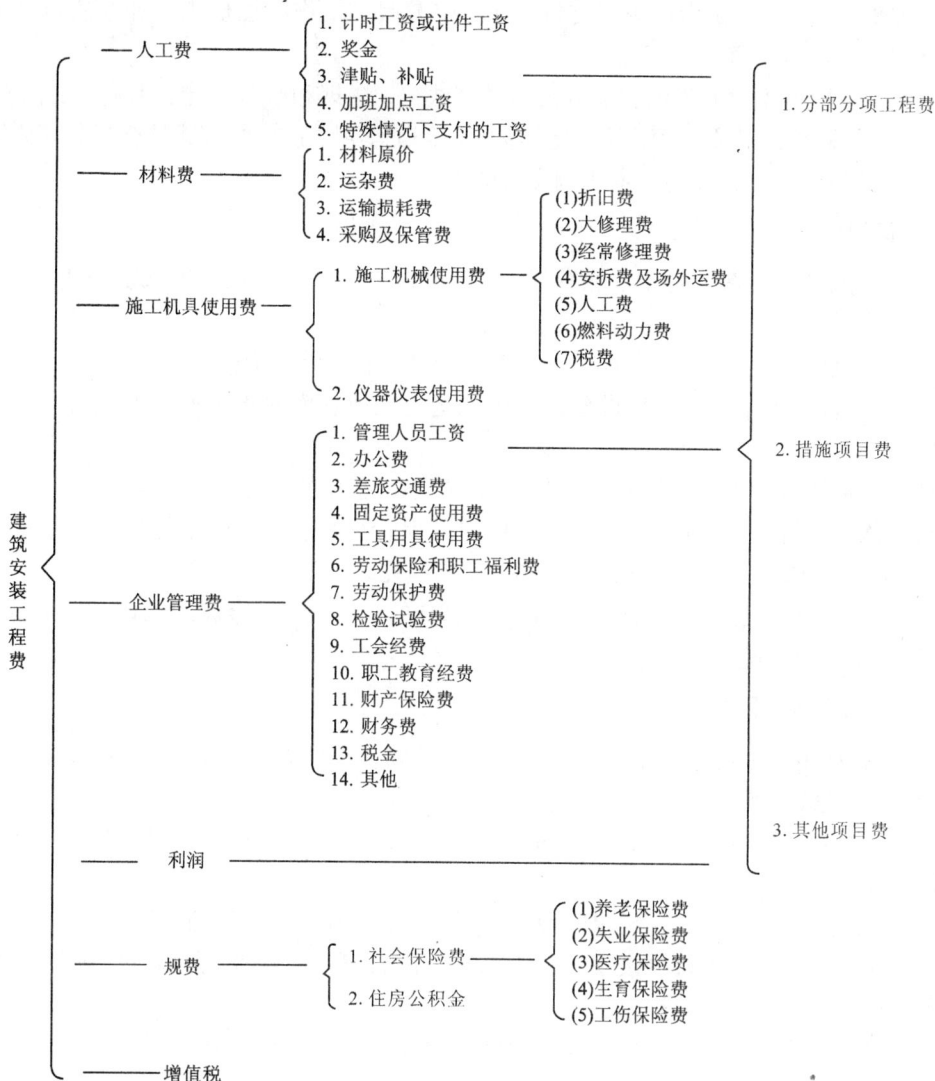

图 1-7 建筑安装工程费用项目组成(按费用构成要素划分)

(一)人工费

人工费是指按工资总额构成规定,支付给从事建筑安装工程施工的生产工人和附属生产单位工人的各项费用。内容包括:

(1)计时工资或计件工资:是指按计时工资标准和工作时间或对已做工作按计件单价支付给个人的劳动报酬。

(2)奖金:是指对超额劳动和增收节支支付给个人的劳动报酬。如节约奖、劳动竞赛奖等。

(3)津贴补贴:是指为了补偿职工特殊或额外的劳动消耗和因其他特殊原因支付给个人的津贴,以及为了保证职工工资水平不受物价影响支付给个人的物价补贴。如流动施工津贴、特殊地区施工津贴、高温(寒)作业临时津贴、高空津贴等。

(4)加班加点工资：是指按规定支付的在法定节假日工作的加班工资和在法定日工作时间外延时工作的加点工资。

(5)特殊情况下支付的工资：是指根据国家法律、法规和政策规定，因病、工伤、产假、计划生育假、婚丧假、事假、探亲假、定期休假、停工学习、执行国家或社会义务等原因按计时工资标准或计时工资标准的一定比例支付的工资。

(二)材料费

材料费是指施工过程中耗费的原材料、辅助材料、构配件、零件、半成品或成品、工程设备的费用。内容包括：

(1)材料原价：是指材料、工程设备的出厂价格或商家供应价格。

(2)运杂费：是指材料、工程设备自来源地运至工地仓库或指定堆放地点所发生的全部费用。

(3)运输损耗费：是指材料在运输装卸过程中不可避免的损耗。

(4)采购及保管费：是指为组织采购、供应和保管材料、工程设备的过程中所需要的各项费用，包括采购费、仓储费、工地保管费、仓储损耗。

工程设备是指构成或计划构成永久工程一部分的机电设备、金属结构设备、仪器装置及其他类似的设备和装置。

(三)施工机具使用费

施工机具使用费是指施工作业所发生的施工机械、仪器仪表使用费或租赁费。

1. 施工机械使用费

以施工机械台班耗用量乘以施工机械台班单价表示，施工机械台班单价应由下列七项费用组成。

(1)折旧费：指施工机械在规定的使用年限内，陆续收回其原值的费用。

(2)大修理费：指施工机械按规定的大修理间隔台班进行必要的大修理，以恢复其正常功能所需的费用。

(3)经常修理费：指施工机械除大修理以外的各级保养和临时故障排除所需的费用。包括为保障机械正常运转所需替换设备与随机配备工具附具的摊销和维护费用，机械运转中日常保养所需润滑与擦拭的材料费用及机械停滞期间的维护和保养费用等。

(4)安拆费及场外运费：安拆费指施工机械(大型机械除外)在现场进行安装与拆卸所需的人工、材料、机械和试运转费用以及机械辅助设施的折旧、搭设、拆除等费用；场外运费指施工机械整体或分体自停放地点运至施工现场或由一施工地点运至另一施工地点的运输、装卸、辅助材料及架线等费用。

(5)人工费：指机上司机(司炉)和其他操作人员的人工费。

(6)燃料动力费：指施工机械在运转作业中所消耗的各种燃料及水、电等。

(7)税费：指施工机械按照国家规定应缴纳的车船使用税、保险费及年检费等。

2. 仪器仪表使用费

是指工程施工所需使用的仪器仪表的摊销及维修费用。

(四)企业管理费

企业管理费是指建筑安装企业组织施工生产和经营管理所需的费用。内容包括：

（1）管理人员工资：是指按规定支付给管理人员的计时工资、奖金、津贴补贴、加班加点工资及特殊情况下支付的工资等。

（2）办公费：是指企业管理办公用的文具、纸张、账表、印刷、邮电、书报、办公软件、现场监控、会议、水电、烧水和集体取暖降温(包括现场临时宿舍取暖降温)等费用。

（3）差旅交通费：是指职工因公出差、调动工作的差旅费、住勤补助费，市内交通费和误餐补助费，职工探亲路费，劳动力招募费，职工退休、退职一次性路费，工伤人员就医路费，工地转移费以及管理部门使用的交通工具的油料、燃料等费用。

（4）固定资产使用费：是指管理和试验部门及附属生产单位使用的属于固定资产的房屋、设备、仪器等的折旧、大修、维修或租赁费。

（5）工具用具使用费：是指企业施工生产和管理使用的不属于固定资产的工具、器具、家具、交通工具和检验、试验、测绘、消防用具等的购置、维修和摊销费。

（6）劳动保险和职工福利费：是指由企业支付的职工退职金、按规定支付给离休干部的经费，集体福利费、夏季防暑降温、冬季取暖补贴、上下班交通补贴等。

（7）劳动保护费：是企业按规定发放的劳动保护用品的支出。如工作服、手套、防暑降温饮料以及在有碍身体健康的环境中施工的保健费用等。

（8）检验试验费：是指施工企业按照有关标准规定，对建筑以及材料、构件和建筑安装物进行一般鉴定、检查所发生的费用，包括自设试验室进行试验所耗用的材料等费用。不包括新结构、新材料的试验费，对构件做破坏性试验及其他特殊要求检验试验的费用和建设单位委托检测机构进行检测的费用，对此类检测发生的费用，由建设单位在工程建设其他费用中列支。但对施工企业提供的具有合格证明的材料进行检测不合格的，该检测费用由施工企业支付。

（9）工会经费：是指企业按《工会法》规定的全部职工工资总额比例计提的工会经费。

（10）职工教育经费：是指按职工工资总额的规定比例计提，企业为职工进行专业技术和职业技能培训，专业技术人员继续教育、职工职业技能鉴定、职业资格认定以及根据需要对职工进行各类文化教育所发生的费用。

（11）财产保险费：是指施工管理用财产、车辆等的保险费用。

（12）财务费：是指企业为施工生产筹集资金或提供预付款担保、履约担保、职工工资支付担保等所发生的各种费用。

（13）税金：是指企业按规定缴纳的房产税、车船使用税、土地使用税、印花税等。

（14）其他：包括技术转让费、技术开发费、投标费、业务招待费、绿化费、广告费、公证费、法律顾问费、审计费、咨询费、保险费等。

（五）利润

利润是指施工企业完成所承包工程获得的盈利。

（六）规费

规费是指按国家法律、法规规定，由省级政府和省级有关权力部门规定必须缴纳或计取的费用，它包括社会保险责和住房公积金。

1.社会保险费

（1）养老保险费：是指企业按照规定标准为职工缴纳的基本养老保险费。

（2）失业保险费：是指企业按照规定标准为职工缴纳的失业保险费。

（3）医疗保险费：是指企业按照规定标准为职工缴纳的基本医疗保险费。

（4）生育保险费：是指企业按照规定标准为职工缴纳的生育保险费。

（5）工伤保险费：是指企业按照规定标准为职工缴纳的工伤保险费。

2.住房公积金

住房公积金是指企业按规定标准为职工缴纳的住房公积金。

（七）增值税

增值税是以商品（含应税劳务）在流转过程中产生的增值额作为计税依据而征收的一种流转税，是指国家税法规定的应计入建筑安装工程造价内的销项税额。

二、按工程造价形成划分

建筑安装工程费按照工程造价形成由分部分项工程费、措施项目费、其他项目费、规费、增值税组成，分部分项工程费、措施项目费、其他项目费包含人工费、材料费、施工机具使用费、企业管理费和利润，如图1-8所示。

（一）分部分项工程费

分部分项工程费是指各专业工程的分部分项工程应予列支的各项费用。

（1）专业工程

专业工程指按现行国家计量规范划分的房屋建筑与装饰工程、仿古建筑工程、通用安装工程、市政工程、园林绿化工程、矿山工程、构筑物工程、城市轨道交通工程、爆破工程等各类工程。

（2）分部分项工程

分部分项工程指按现行国家计量规范对各专业工程划分的项目。如房屋建筑与装饰工程划分的土石方工程、地基处理与桩基工程、砌筑工程、钢筋及钢筋混凝土工程等。各类专业工程的分部分项工程划分见现行国家或行业计量规范。

（二）措施项目费

措施项目费是指为完成建设工程施工，发生于该工程施工前和施工过程中的技术、生活、安全、环境保护等方面的费用。内容包括：

（1）安全文明施工费

①环境保护费：是指施工现场为达到环保部门要求所需要的各项费用。

②文明施工费：是指施工现场文明施工所需要的各项费用。

③安全施工费：是指施工现场安全施工所需要的各项费用。

④临时设施费：是指施工企业为进行建设工程施工所必须搭设的生活和生产用的临时建筑物、构筑物和其他临时设施费用。包括临时设施的搭设、维修、拆除、清理费或摊销费等。

（2）夜间施工增加费

夜间施工增加费指因夜间施工所发生的夜班补助费、夜间施工降效、夜间施工照明设备摊销及照明用电等费用。

（3）二次搬运费

二次搬运费指因施工场地条件限制而发生的材料、构配件、半成品等一次运输不能到达堆放地点，必须进行二次或多次搬运所发生的费用。

建筑安装工程费

分部分项工程费
- 1. 房屋建筑与装饰工程
  - ①土石方工程
  - ②桩基工程
  - ……
- 2. 仿古建筑工程
- 3. 通用安装工程
- 4. 市政工程
- 5. 园林绿化工程
- 6. 矿山工程
- 7. 构筑物工程
- 8. 城市轨道交通工程
- 9. 爆破工程
- ……

措施项目费
- 1. 安全文明施工费
- 2. 夜间施工增加费
- 3. 二次搬运费
- 4. 冬雨季施工增加费
- 5. 已完工程及设备保护费
- 6. 工程定位复测费
- 7. 特殊地区施工增加费
- 8. 大型机械进出场及安拆费
- 9. 脚手架工程费
- 10. 混凝土模板及支撑费
- 11. 垂直运输费
- ………

其他项目费
- 1. 暂列金额
- 2. 计日工
- 3. 总承包服务费
- ……

规费
- 1. 社会保险费
  - (1)养老保险费
  - (2)失业保险费
  - (3)医疗保险费
  - (4)生育保险费
  - (5)工伤保险费
- 2. 住房公积金

增值税

（右侧）
1. 人工费
2. 材料费
3. 施工机具使用费
4. 企业管理费
5. 利润

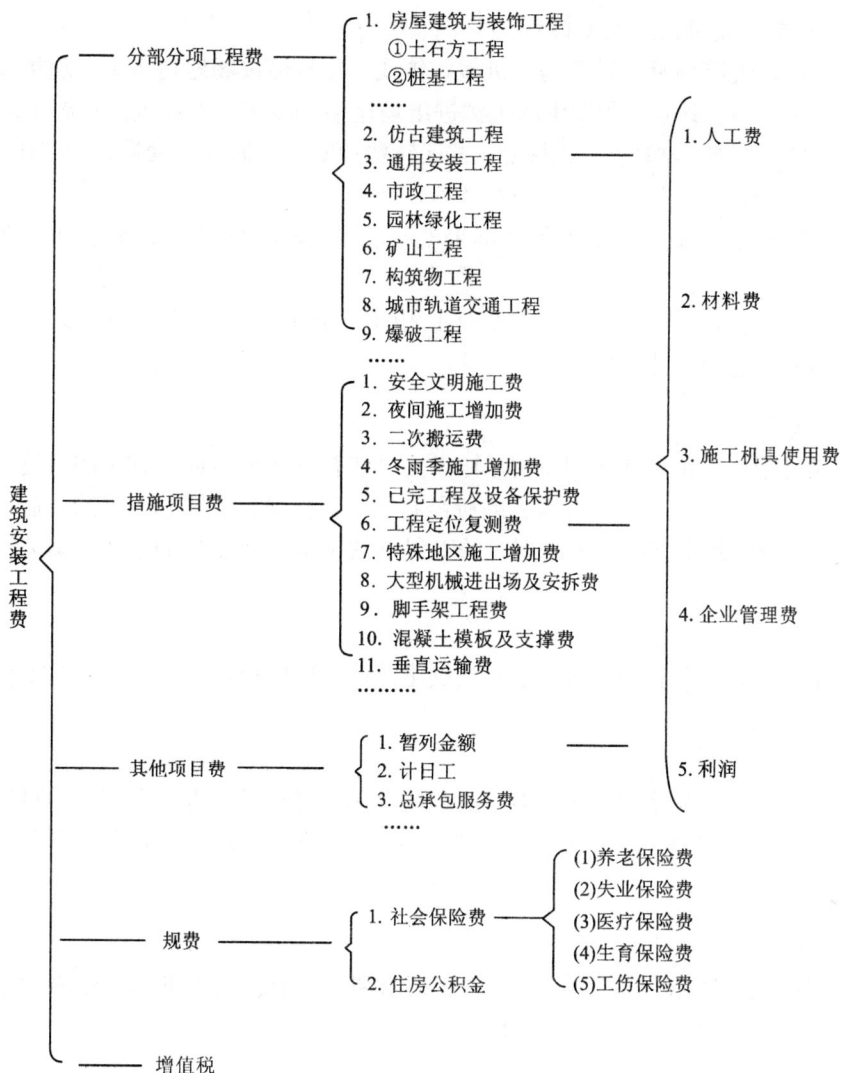

图 1-8　建筑安装工程费用项目组成（按造价形成划分）

（4）冬雨季施工增加费

冬雨季施工增加费指在冬季或雨季施工需增加的临时设施、防滑、排除雨雪、人工及施工机械效率降低等费用。

（5）已完工程及设备保护费

已完工程及设备保护费指竣工验收前，对已完工程及设备采取的必要保护措施所发生的费用。

（6）工程定位复测费

工程定位复测费是指工程施工过程中进行全部施工测量放线和复测工作的费用。

（7）特殊地区施工增加费

特殊地区施工增加费是指工程在沙漠或其边缘地区、高海拔、高寒、原始森林等特殊地区施工增加的费用。

（8）大型机械设备进出场及安拆费

大型机械设备进出场及安拆费是指机械整体或分体自停放场地运至施工现场或由一个施工地点运至另一个施工地点，所发生的机械进出场运输、转移费用及机械在施工现场进行安装、拆卸所需的人工费、材料费、机械费、试运转费和安装所需的辅助设施的费用。

（9）脚手架工程费

脚手架工程费是指施工需要的各种脚手架搭、拆、运输费用以及脚手架购置费的摊销（或租赁）费用。

措施项目及其包含的内容详见各类专业工程的现行国家或行业计量规范。

（三）其他项目费

（1）暂列金额

暂列金额是指建设单位在工程量清单中暂定并包括在工程合同价款中的一笔款项。用于施工合同签订时尚未确定或者不可预见的所需材料、工程设备、服务的采购，施工中可能发生的工程变更、合同约定调整因素出现时的工程价款调整以及发生的索赔、现场签证确认等的费用。

（2）计日工

计日工是指在施工过程中，施工企业完成建设单位提出的施工图纸以外的零星项目或工作所需的费用。

（3）总承包服务费

总承包服务费是指总承包人为配合、协调建设单位进行的专业工程发包，对建设单位自行采购的材料、工程设备等进行保管以及施工现场管理、竣工资料汇总整理等服务所需的费用。

（四）规费

规费是指按国家法律、法规规定，由省级政府和省级有关权力部门规定必须缴纳或计取的费用。

（五）增值税

增值税是以商品（含应税劳务）在流转过程中产生的增值额作为计税依据而征收的一种流转税，是指国家税法规定的应计入建筑安装工程造价内的销项税额。

2.2　湘建价〔2020〕56 号文规定的建筑安装工程费构成

一、按费用构成要素划分

建筑安装工程费按照费用构成要素划分，由人工费、材料费、施工机具使用费、企业管理费、利润和增值税组成。

1. 人工费

人工费是指按工资总额构成规定，支付给从事建筑安装工程施工的生产工人和附属生产单位工人的各项费用。内容包括：①计时工资或计件工资；②奖金；③津贴补贴；④加班加点工资；⑤特殊情况下支付的工资；⑥五险一金。

2. 材料费

材料费是指施工过程中耗费的原材料、辅助材料、构配件、零件、半成品或成品、工程设备的费用。内容包括：①材料原价；②运杂费；③运输损耗费；④采购及保管费。

3. 施工机具使用费

施工机具使用费是指施工作业所发生的施工机械、仪器仪表使用费或其租赁费。

(1)施工机械使用费

施工机械使用费包括：①折旧费；②检修费；③维护费；④安拆费及场外运费；⑤人工费；⑥燃料动力费；⑦其他费用。

(2)仪器仪表使用费

仪器仪表使用费是指工程施工所需使用的仪器仪表的摊销及维修费用。

4. 企业管理费

企业管理费是指建筑安装企业组织施工生产和经营管理所需的费用。内容包括：①管理人员工资；②办公费；③差旅交通费；④固定资产使用费；⑤工具用具使用费；⑥劳动保险和职工福利费；⑦劳动保护费；⑧自检试验费；⑨工会经费；⑩职工教育经费；⑪财产保险费；⑫财务费；⑬税金及附加；⑭其他。

5. 利润

利润是指承包人完成合同工程获得的盈利。

6. 增值税

增值税是指是以商品(含应税劳务)在流转过程中产生的增值额作为计税依据而征收的一种流转税。增值税条件下，计税方法包括一般计税法和简易计税法。

二、按工程造价形成划分

建筑安装工程费按照工程造价形成，由分部分项工程费、措施项目费、其他项目费和增值税组成。

1. 分部分项工程费

分部分项工程费是指各专业工程(或单位工程)的分部分项工程应予列支的各项费用。

2. 措施项目费

措施项目费是指为完成工程项目施工，发生于该工程施工准备和施工过程中的技术、生活、安全、绿色施工(节能、节地、节水、节材、环境保护)等方面的费用。

(1)单价措施项目费

单价措施项目费包括：①大型机械进出场及安拆费；②大型机械设备基础；③脚手架工程费；④二次搬运费；⑤排水降水费；⑥各专业工程措施项目及其包含的内容详见国家工程量计算规范。

(2)总价措施项目费

总价措施项目费包括：①夜间施工增加费；②冬雨季施工增加费；③压缩工期施工措施增加费；④已完工程及设备保护费；⑤工程定位复测费；⑥专业工程中有关的措施项目费。

（3）绿色施工安全防护施工措施项目费

1）安全文明施工费

安全文明施工费包括：①安全生产费；②文明施工费；③环境保护费；④临时设施费。

2）绿色施工措施费

绿色施工措施费是指施工现场为达到环保部门绿色施工要求所需要的费用。包括：扬尘控制措施费（场地硬化、扬尘喷淋、雾炮机、扬尘监控和场地绿化）、施工人员实名制管理及施工场地视频监控系统、场内道路、排水沟及临时管网、施工围挡等费用。

3.其他项目费

其他项目费由其他项目清单内的费用组成。包括：暂列金额、计日工、总承包服务费、优质工程增加费、安全责任险、环境保护税、提前竣工措施增加费、索赔签证。

4.增值税

增值税是以商品（含应税劳务）在流转过程中产生的增值额作为计税依据而征收的一种流转税。增值税条件下，计税方法包括一般计税法和简易计税法。

【思政港湾】

创新驱动行业
可持续健康发展

【基础知识练习】

一、**单选题**（以下各题有且只有一个正确答案）

1.根据湘建价［2020］56号文，下列不属于单价措施费的是（　　　）。

A.大型机械进出场及安拆费 B.脚手架工程费

C.冬雨季施工增加费 D.大型机械设备基础

2.下列工程造价文件，应于决策阶段编制的是（　　　）。

A.投资估算 B.设计概算

C.施工图预算 D.竣工结算

3.工程造价计价的基本原理就在于项目的（　　　）与组合。

A.建设 B.分解 C.施工 D.竣工

4.根据建标［2013］44号文，按工资总额构成规定，支付给从事建筑安装工程施工的生产工人和附属生产单位工人的各项费用属于（　　　）。

A.间接费 B.规费

C.人工费 D.税金

5.下列不属于措施费组成的是（　　　）。

A.环境保护费 B.二次搬运费

C.规费 D.夜间施工费

二、多选题(以下各题有两个及两个以上正确答案)

1. 根据建标[2013]44号文,下列属于人工费的组成的有(　　)。

A. 计时工资
B. 奖金
C. 加班加点工资
D. 管理人员工资

2. 根据建标[2013]44号文,施工机械使用费包括(　　)。

A. 折旧费
B. 机上人工工资
C. 燃料动力费
D. 管理费

3. 根据湘建价[2020]56号文,下列属于绿色施工措施费的有(　　)。

A. 扬尘控制措施费
B. 施工人员实名制管理
C. 施工场地视频监控系统费用
D. 临时设施费

三、问答题

1. 建设项目工程造价形成全过程中,包括哪些表现形式的工程造价名称?
2. 根据建标[2013]44号文,说明建筑安装工程费用项目组成(按造价形成划分)。

【基本技能训练】

1. 根据建标[2013]44号文,编制建筑安装工程费用项目组成(按费用构成要素划分)框图。
2. 根据湘建价[2020]56号文,编制建筑安装工程费构成(按费用构成要素划分)框图。

模块二

工程建设定额的编制与应用

任务一　工程建设定额认知

工程建设定额是指在正常的施工条件下和合理的劳动组织、合理使用材料及机械的条件下，完成单位合格建设产品所必需的人工、材料、机械台班的数量标准。它反映了在一定的社会生产力水平条件下的建设产品生产与生产消耗的数量关系。

定额产生于 19 世纪末，由美国工程师泰勒制定出的工时定额，主要着眼于提高劳动生产率，提高工人劳动效率。工程建设定额可分为施工定额、预算定额、概算定额、概算指标及投资估算指标五种。

【知识目标】

(1)掌握定额的概念、定额水平的含义；

(2)了解定额的起源及制定定额的目的；

(3)了解定额的作用；

(4)掌握定额的分类及特点；

(5)熟练掌握机械台消耗定额的确定。

【技能目标】

(1)能够正确说明时间定额与产量定额之间关系；

(2)能够正确说明定额的分类及各种定额的用途。

【素质目标】

(1)具有良好的职业道德和诚信品质；

(2)具有较强的敬业精神和责任意识；

(3)具有良好的团队协作能力；

(4)具有成本意识和效率意识。

一、定额的概念

"定"就是规定，"额"就是额度，即是规定在生产中各种社会必要劳动的消耗量(包括活劳动和物化劳动)的标准尺度。生产任何一种合格产品都必须消耗一定数量的人工、材料、机械台班，而生产同一产品所消耗的劳动量常随着生产因素和生产条件的变化而不同。一般来说，在生产同一产品时，所消耗的劳动量越大，则产品的成本越高，企业盈利就会降低，对社会贡献就会降低；反之，所消耗的劳动量越小，则产品的成本越低，企业盈利就会增加，对社会贡献就会增加；但这时消耗的劳动量不可能无限地降低或增加，它在一定的生产因素和生产条件下，在相同的质量与安全要求下，必有一个合理的数额。作为衡量标准，同时这种数额标准还受到不同社会的制约。

在数值上，定额表现为生产成果与生产消耗之间一系列对应的比值常数，用公式表示则是：

$$T_Z = \frac{Z_{1,2,3,\cdots,n}}{H_{1,2,3,\cdots,n}}$$

式中：T_Z——产量定额；

$\quad\quad Z_{1,\,2,\,3,\,\cdots,\,n}$——与单位劳动消耗相对应的产量；

$\quad\quad H_{1,\,2,\,3,\,\cdots,\,n}$——单位劳动消耗量（如每一工日、每一机械台班等）。

或：

$$T_h = \frac{H_{1,\,2,\,3,\,\cdots,\,n}}{Z_{1,\,2,\,3,\,\cdots,\,n}}$$

式中：T_h——时间定额；

$\quad\quad H_{1,\,2,\,3,\,\cdots,\,n}$——与单位产品相对应的劳动消耗量；

$\quad\quad Z_{1,\,2,\,3,\,\cdots,\,n}$——单位产品数量（如每 1 m³ 混凝土、每 1 m² 抹灰、每 1 t 钢筋等）。

产量定额与时间定额是定额的两种表现形式，在数值上互为倒数，即：

$$T_Z = \frac{1}{T_h} \quad \text{或} \quad T_h = \frac{1}{T_Z}$$

即：

$$T_Z \times T_h = 1$$

定额的数值表明生产单位新产品所需的消耗越小，则单位消耗获得的生产成果越大；反之，生产单位新产品所需的消耗越大，则单位消耗获得的生产成果越小；它反映了经济效果的提高或降低。

工程建设定额是指在正常的施工条件下和合理的劳动组织、合理使用材料及机械的条件下，完成单位合格建设产品所必需的人工、材料、机械台班的数量标准。它反映了在一定的社会生产力水平条件下的建设产品生产与生产消耗的数量关系。

在工程建设定额中，产品是一个广义的概念，它可以指工程建设的最终产品——建设项目，也可以是独立发挥功能和作用的某些完整产品——单项工程，也可以是完整产品中能单独组织施工的部分——单位工程，还可以是单位工程中的基本组成部分——分部工程或分项工程。工程建设定额中产品概念的范围之所以广泛，是因为工程建设产品具有构造复杂、产品形体庞大、种类繁多、生产周期长等技术特点。

二、定额的起源

定额产生于 19 世纪末资本主义企业管理科学的发展初期。当时，高速度的工业发展与低水平的劳动生产率产生了矛盾，虽然科学技术发展很快，机器设备先进，但在管理上仍然沿用传统的经验、方法，生产效率低，生产能力得不到充分发挥，阻碍了社会经济的进一步发展和繁荣，而且也不利于资本家赚取更多的利润。改善管理成了生产发展的迫切要求。在这种背景下，著名的美国工程师泰勒（F. W. Taylor，1856—1915）制定出了工时定额，以提高工人的劳动效率。他为了减少工时消耗，研究改进生产工具与设备，并提出一整套科学管理的方法，这就是著名的"泰勒制"。

泰勒提倡科学管理，主要着眼于提高劳动生产率，提高工人劳动效率。他突破了当时传统管理科学方法的羁绊，通过科学试验，对工作时间的利用细致地进行研究，制定了标准的操作方法；通过对工人进行训练，要求工人改变原来习惯的操作方法，取消不必要的操作程序，并且在此基础上制定出较高的工时定额，用工时定额评价工人工作的好坏；为了使工人能达到定额，又制定了工具、机器、材料和作业环境的"标准化原理"；为了鼓励工人努力完成定额，还制定了一种有差别的计件工资制定。如果工人能完成定额，就采用较高的工资率，如果工人还完不成定额，则采用较低的工资率，以刺激工人多拿 60% 或者更多的工资去努力工作，去适应标准化操作方法的要求。

"泰勒制"是资本家榨取工人剩余价值的工具，但它又以科学方法来研究分析工人劳动中的操作和动作，从而制定最节约的工作时间——工时定额。"泰勒制"给资本主义企业管理带来了根本性变革，对提高劳动效率做出了显著的科学贡献。

在我国古代工程中，也是很重视工料消耗计算的，并形成了许多案例，如果说人们长期生产中积累的丰富经验是定额产生的土壤，这些案例可看作是工料定额的原始形态。我国北宋著名的土木建筑家李诫编修的《营造法式》，刊行于公元1103年，它是土木建筑工程技术的巨著，也是工料计算方面的巨著。《营造法式》共有三十四卷，分为释名、制度、功能、料例和图样五个部分。其中，第十六卷至第二十五卷是各工种计算用工量的规定；第二十六卷至第二十八卷是各工种计算用料的规定。这些关于算工算料的规定，可以看作是古代的工料定额。清工部《工程做法则例》中，也有许多内容是说明工料计算方法的，甚至可以说它主要是一部算工算料的书，直至今天，《仿古建筑及园林工程预算定额》仍将这些则例等技术文献作为编制依据之一。

三、定额水平

定额水平是指完成单位产品所需的人工、材料、机械台班消耗标准的高低程度，是在一定施工组织条件和生产技术条件下规定的施工生产中活劳动和物化劳动的消耗水平。

定额水平的高低，反映了一定时期社会生产力水平的高低，与操作人员的技术水平、机械化程度、新材料、新工艺、新技术的发展与应用有关，与企业的管理水平和社会成员的劳动积极性有关。所谓定额水平高是指单位总产量提高，活劳动和物化劳动的消耗降低，反映为单位新产品造价低；反之，定额水平低是指单位产量降低，消耗提高，反映为单位新产品造价高。

产品的价值量取决于消耗于产品中的必要劳动消耗量，定额作为单位产品经济的基础，必须反映价值规律的客观要求。它的水平根据社会必要劳动时间来确定。所谓社会必要劳动时间是指在现有的社会正常生产条件下，在社会的平均劳动熟练程度和劳动强度下，完成产品所需的劳动量。社会正常生产条件是指大多数施工企业所能达到的生产条件。

四、工程建设定额在我国社会主义市场经济条件下的作用

工程建设定额是固定资产再生产过程中的生产消耗定额，反映在工程建设中消耗在单位产品上的人工、材料、机械台班的规定额度。这种量的规定，反映了在一定社会生产力发展水平和正常生产条件下，完成建设工程中某项产品与各种生产消费之间的特定的数量关系。

定额既不是"计划经济的产物"，也不是中国的特产和专利，定额与市场经济的共融性是与生俱来的。我们可以这么说，工程建设定额在不同社会制度的国家都需要，都将永远存在，并将在社会和经济发展中，不断地发展和完善，使之更适应生产力发展的需要，进一步推动社会和经济进步，定额管理的双重性决定了它在市场经济中具有重要的地位和作用。

1. 定额对提高劳动生产率起保证作用

我国处于社会主义初级阶段，初级阶段的根本任务是发展社会生产力。而发展社会生产力的任务就是要提高劳动生产率。在工程建设中，定额通过对工时消耗的研究、机械设备的选择、劳动组织的优化、材料合理节约使用等方面的分析和研究，使各生产要素得到最合理

的配合,最大限度地节约劳动力和减少材料的消耗,不断地挖掘潜力,从而提高劳动生产率和降低成本。通过工程建设定额的使用,把提高劳动生产率的任务落实到各项工作和每个劳动者,使每个工人都能明确各自目标、加快工作进度、更合理有效地利用和节约社会劳动。

2.定额是国家对工程建设进行宏观调控和管理的手段

市场经济并不排斥宏观调控,利用定额对工程建设进行宏观调控和管理主要表现在三个方面:①对工程造价进行宏观管理的调控;②对资源进行合理配置;③对经济结构进行合理的调控。包括对企业结构、技术结构和产品结构进行合理调控。

3.定额有利于市场公平竞争

在市场经济规律作用下的商品交易中,特别强调等价交换的原则。所谓等价交换,就是要求商品按价值量进行交换,建筑产品的价值量是由社会必要劳动时间决定的,而定额消耗量标准是建筑产品形成市场公平竞争、等价交换的基础。

4.定额有利于规范市场行为

建筑产品的生产过程是以消耗大量的生产资料和生活资料等物质资源为基础的。由于工程建设定额制定出以资源消耗量的合理配置为基础的定额消耗量标准,这样一方面制约了建筑产品的价格,另一方面企业的投标报价中必须要充分考虑定额的要求。可见定额在上述两方面规范了市场主体的经济行为,所以定额对完善我国建筑招投标市场起到十分重要的作用。

5.定额有利于完善市场的信息系统

信息是建筑市场体系中不可缺少的要素,信息的可靠性、完备性和灵活性是市场成熟和市场效率的标志。在建筑产品的交易过程中,定额能为市场需求主体和供给主体提供较准确的信息,并能反映出不同时期生产力水平与市场实际的适应程度。所以说,由定额形成建立与完善建筑市场信息系统,是我国社会主义市场经济体制的一大特色。

五、工程建设定额的分类和特点

(一)工程建设定额的分类

1.按生产要素分类

工程建设定额可分为劳动消耗定额、材料消耗定额和机械台班消耗定额三种。

(1)劳动消耗定额

劳动消耗定额简称劳动定额(也称为人工定额),是指完成一定数量的合格产品(工程实体或劳务)规定活劳动消耗的数量标准。为了便于综合和核算,劳动定额大多采用工作时间消耗量来计算劳动消耗的数量。

(2)材料消耗定额

材料消耗定额简称材料定额,是指完成一定数量的合格产品(工程实体或劳务)所需消耗材料的数量标准。

材料是指工程建设中使用的原材料、成品、半成品、构配件、燃料及水、电等动力资源的统称。材料作为劳动对象构成工程的实体,需用数量很大,种类很多。因此,材料消耗量的多少,消耗是否合理,不仅关系到资源的有效利用,影响市场供求状况,而且对建设工程的项目投资和建筑产品的成本控制都起到决定性的影响。

（3）机械消耗定额

机械消耗定额是以一台机械一个工作班为计量单位，故又称为机械台班定额。机械消耗定额是指为完成一定数量的合格产品（工程实体或劳务）所规定的施工机械消耗的数量标准。

以上三种定额是制定其他各种定额的基础，故又称为基础定额。

2.按定额编制程序和用途分类

工程建设定额可分为施工定额、预算定额、概算定额、概算指标及投资估算指标五种。

（1）施工定额

施工定额是以同一性质的施工过程——工序，作为研究对象，表示生产产品数量与生产要素消耗综合关系编制的定额。施工定额是施工企业（建筑安装企业）组织生产和加强管理在企业内部使用的一种定额，属于企业定额的性质。为了适应组织生产和管理的需要，施工定额的项目划分很细，是工程建设定额中分项最细、定额子目最多的一种定额，也是工程建设定额中的基础定额。

施工定额主要用于工程的直接施工管理，以及作为编制工程施工设计、施工预算、施工作业计划、签发施工任务单、限额领料卡及结算计件工资或计量奖励工资的依据，它同时是编制预算定额的基础。

（2）预算定额

预算定额是以分项工程和结构构件为对象编制的定额，是一种计价性定额。从编制程序上看，预算定额是以施工定额为基础综合扩大编制的，同时也是编制概算定额的基础。

预算定额是在编制施工图预算阶段，计算工程造价和计算工程中的劳动、材料和机械台班需要量时使用，它是调整工程预算和工程造价的重要基础，也可以作为编制施工组织设计、施工技术财务计划的参考。

（3）概算定额

概算定额是以扩大分项工程或扩大结构构件为对象编制的，计算和确定劳动、材料及机械台班消耗量所使用的定额，是一种计价性定额。

概算定额是编制扩大初步设计概算、确定建设项目投资额的依据。概算定额的项目划分粗细，与扩大初步设计的深度相适应，一般是在预算定额的基础上综合扩大而成的，每一综合分项概算定额都包括了数项预算定额。

（4）概算指标

概算指标是概算定额扩大和合并，它是以整个建筑物和构筑物为对象，以更为扩大的计量单位为编制的，是一种计价性定额。

概算指标一般是在概算定额和预算定额的基础上编制的，比概算定额更加综合扩大，它是以设计单位编制工程概算或建设单位编制年度任务计划、施工准备期间编制材料和机械设备供应计划的依据，也可供国家编制年度建设计划参考。

（5）投资估算指标

投资估算指标是项目建议书和可行性研究阶段编制投资估算、计算投资需要量时使用的一种定额。它非常概略，往往以独立的单项工程或完整的工程项目为设计对象，编制内容是所有项目费用之和。它的概略程度与可行性研究阶段相适应。投资估算指标往往根据历史的预、决算资料和价格变动等资料编制，但其编制基础仍然离不开预算定额和概算定额。

3. 按编制单位和执行范围分类

(1) 全国统一定额

它是由国家建设行政主管部门综合我国工程建设中技术和施工组织条件的情况编制的，在全国范围内执行的定额。如全国统一的劳动定额、全国统一的建筑工程基础定额等。

(2) 行业统一定额

它是由各行业行政主管部门充分考虑本行业专业特点、施工生产和管理水平而编制的，一般只在本行业和相同专业性质的范围内使用的定额，这种定额往往是为专业性较强的工业建筑安装工程制定的。例如，铁路建筑工程定额、水利建筑工程定额、矿井建设工程定额等。

(3) 地区统一定额

它是由各省、市、自治区在考虑地区特点和统一定额水平的条件下编制的，只在规定的地区范围内使用的定额。例如，一般地区适用的建筑工程预算定额、概算定额、园林定额等。

(4) 企业定额

它是由施工企业根据本企业具体情况，参照国家、部门和地区定额编制方法制定的定额。企业定额只在本企业内部执行，是衡量企业生产力水平的一个标志。企业定额水平一般应高于国家现行定额，才能满足生产技术发展、企业管理和市场竞争的需要。

(5) 补充定额

它是指随着设计、施工技术的发展，在现行定额不能满足需要的情况下，为补充现行定额中漏项或缺项而制定的。补充定额是只能在指定的范围内使用的指标。

4. 按照专业分类

工程建设定额可分为建筑工程定额、装饰工程定额、安装工程定额、仿古建筑及园林工程定额、公路工程定额、铁路工程定额、水利工程定额等。

5. 按照投资费用分类

按照投资费用分类，工程建设定额可分为直接工程费定额、措施费定额、利润和税金定额、间接费定额、设备及工器具定额、工程建设其他费定额。

(二) 工程建设定额的特点

1. 科学性

定额的科学性，首先表现在用科学的态度制定定额，尊重客观实际，定额水平合理；其次表现在制定定额的技术方法上，利用现代科学管理的成就，形成一套系统的、完整的、在工程实践中行之有效的方法；第三表现在定额制定和贯彻一体化。制定是为了提供贯彻的依据，贯彻是为了实现管理的目标，也是对定额的信息反馈。

2. 系统性

定额的系统性是由各种内容结合而成的有机整体，有鲜明的层次和明确的目标。定额的系统性是由工程建设的特点决定的。工程建设本身的多种类、多层次就决定了它的服务工程建设的定额的多种类、多层次。

3. 统一性

工程建设定额的统一性，主要由国家对经济发展的有计划的宏观调控职能决定的。工程建设定额的统一性按照其影响力和执行范围来看，有全国统一定额、行业统一定额、地区统一定额等；按照定额的制定、颁布和贯彻使用来看，有统一的程序、统一的原则、统一的要求和统一的用途。

4.指导性

工程建设定额是由国家或其授权机关组织编制和颁发的一种综合消耗指标，它是根据客观规律的要求，用科学的方法编制而成的，因此，在企业定额尚未普及的今天，工程造价的确定和控制仍是十分重要的指导性依据。另一方面，企业编制企业定额时，它也是重要的参考依据，同时，政府投资工程的造价确定与控制仍离不开定额。

应当指出，在社会主义市场经济不断深化的今天，对定额的权威性标准应逐步弱化，因为定额毕竟是主观对客观的反映，定额的科学性会受到人们的知识的局限，随着多元化投资格局的逐渐形成，业主可自主地调整自己的决策行为，定额的指导性会逐渐加强。

5.相对稳定性和时效性

工程建设定额中的任何一种都是一定时期技术发展和管理水平的反映，因而在一段时期内都表现出稳定的状态。稳定的时间有长有短，一般在5~10年之间。社会生产力的发展有一个由量变到质变的变动周期，当生产力向前发展了，原有定额已不能适应生产需要时，就要根据新的情况对定额进行修订、补充或重新编制。

随着社会主义市场经济不断深化，定额的某些特点也会随着建筑体制的改革发展而变化，如强制性成分会逐渐减少，指导性、参考性会更加突出。

【思政港湾】

北京大兴国际机场，
领略新国门的艺术与创新

【基础知识练习】

一、单选题(以下各题有且只有一个正确答案)

1.(　　)是以扩大分项工程或扩大结构构件为对象编制的，计算和确定劳动、材料及机械台班消耗量所使用的定额，是一种计价性定额。

A.概算定额　　　　B.预算定额　　　　C.投资估算指标　　　D.概算指标

2.(　　)是指完成单位产品所需的人工、材料、机械台班消耗标准的高低程度，是在一定施工组织条件和生产技术条件下规定的施工生产中活劳动和物化劳动的消耗水平。

A.定额水平　　　　　　　　　　B.定额

C.工程建设定额　　　　　　　　D.工程造价

3.建筑产品的生产过程是以消耗大量的生产资料和生活资料等物质资源为基础的。由于工程建设定额制出以资源消耗量的合理配置为基础的定额消耗量标准，这样一方面制约了建筑产品的价格，另一方面企业的投标报价中必须要充分考虑定额的要求。这说明定额具有以下(　　)作用？

A.有利于市场公平竞争　　　　　B.有利于规范市场行为

C. 对提高劳动生产率起保证作用　　　　D. 有利于完善市场的信息系统

4. (　　)也称为人工定额,是指完成一定数量的合格产品(工程实体或劳务)规定活劳动消耗的数量标准。

A. 劳动消耗定额　　　　　　　　　　B. 材料消耗定额

C. 机械台班消耗定额　　　　　　　　D. 时间定额

5. (　　)是由施工企业根据本企业具体情况,参照国家、部门和地区定额编制方法制定的定额。只在本企业内部执行,是衡量企业生产力水平的一个标志。

A. 预算定额　　　　　　　　　　　　B. 企业定额

C. 投资估算指标　　　　　　　　　　D. 概算指标

6. (　　)是指为完成一定数量的合格产品(工程实体或劳务)所规定的施工机械消耗的数量标准。

A. 劳动消耗定额　　　　　　　　　　B. 材料消耗定额

C. 机械台班消耗定额　　　　　　　　D. 时间定额

二、多选题(以下各题有两个及两个以上正确答案)

1. 以下属于定额的特点的是(　　)。

A. 科学性　　　　B. 系统性　　　　C. 指导性　　　　D. 公开性

2. 工程建设定额按生产要素分类可分为(　　)。

A. 劳动消耗定额　　　　　　　　　　B. 材料消耗定额

C. 机械台班消耗定额　　　　　　　　D. 时间定额

3. 以下属于工程建设的某一个阶段的是(　　)。

A. 决策阶段　　　B. 交易阶段　　　C. 施工阶段　　　D. 报废阶段

4. 以下属于现阶段工程建设的参与方的是(　　)。

A. 投资方　　　　B. 勘察设计方　　　C. 施工方　　　　D. 政府质量监督部门

【基本技能训练】

1. 请将下列几组概念中有关联的概念用直线连接起来:

施工图预算	投资估算指标	初步设计阶段
投资估算	概算定额	施工阶段
施工预算	预算定额	可行性研究阶段
设计概算	施工定额	施工图设计阶段

任务二　人工、材料、机械台班消耗定额的确定

　　建筑产品的生产需要消耗人工、材料、施工机械台班(机械工作时间)及仪器仪表。定额测定是制定定额的一个主要步骤。计时观测法是测定时间消耗的基本方法。施工中材料的消耗,可分为必需的材料消耗和损失的材料消耗两类。确定实体材料的净用量定额和材料损耗定额的计算数据,是通过现场技术测定、实验室试验、现场统计和理论计算等方法获得的。机械台班消耗定额的确定方法,包括确定机械 1 h 纯工作正常生产率、确定施工机械的正常利用系数、计算施工机械台班消耗定额三个步骤。

【知识目标】

(1)了解施工过程的概念、分类、影响因素,掌握工人工作时间消耗的分类;

(2)了解计时观测法的含义、用途、特点、准备工作,掌握主要测时方法;

(3)熟练掌握人工消耗定额的确定方法;

(4)熟练掌握材料消耗定额的确定方法;

(5)熟练掌握机械台班消耗定额的确定方法。

【技能目标】

(1)具有人工、材料、机械台班消耗定额的确定能力;

(2)具有人工、材料、机械台班消耗定额的应用能力。

【素质目标】

(1)具有良好的职业道德和诚信品质;

(2)具有较强的敬业精神和公平公正意识;

(3)具有良好的团队协作能力;

(4)具有一丝不苟、精益求精的工匠精神;

(5)具有节约资源、环保意识。

2.1　建筑工程施工作业研究

建筑工程施工作业研究-导学

一、施工过程的概念

　　施工过程就是在建设工地范围内所进行的生产过程。其最终目的是要建造、恢复、改建、移动或拆除工业、民用建筑物和构筑物的全部或一部分。

施工过程分解及工时研究

　　每个施工过程的结束,获得了一定的产品,这种产品或者是改变了劳动对象的外表形态、内部结构或性质(由于制作和加工的结果),或者是改变了劳动对象在空间的位置(由于运输和安装的结果)。

　　每一个施工过程的完成,必须具备以下条件:

　　(1)具有完成施工过程的劳动者(不同工种、不同技术等级的工人)、劳动对象(建筑材料、本成品、成品、构配件等)和劳动工具(手动工具、小型机具和机械等)。也就是说,施工过程是由不同工种、不同技术等级的建造安装工人完成的,并且必须有一定的劳动对象——

建造材料、半成品、构件、配件等，使用一定的劳动工具——手动工具、小型机具和机械等。

（2）具有完成施工过程的工作地点，即施工过程所在地点、活动空间。

（3）具有准备完成施工过程的条件，即施工现场范围内的"三通一平"，材料、工器具的存放等空间位置布置。

（4）具有完成施工过程的组织工作，即施工过程的指挥、协调及管理，工作地点的选择等。

二、施工过程的分类

研究施工过程，首先是对施工过程进行分类。对施工过程进行分类的目的是通过对施工过程的组成部分进行分解，并按不同的完成方法、劳动分工、组织复杂程度、施工工艺性质来区分和认识施工过程的性质和包含的全部内容。施工过程的分类见图2-1。

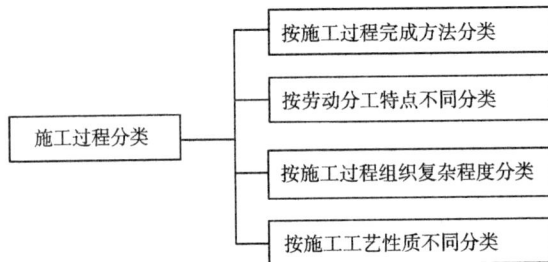

图 2-1　施工过程分类

（1）按施工过程的完成方法不同分类，见图2-2。

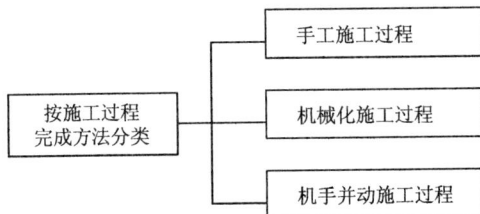

图 2-2　按施工过程的完成方法不同分类

（2）按施工过程劳动分工的特点不同分类，见图2-3。

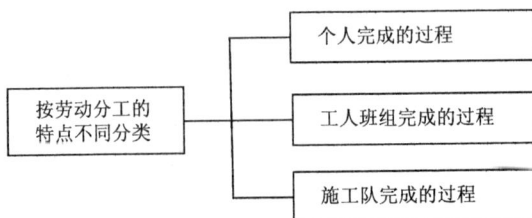

图 2-3　按施工过程劳动分工的特点不同分类

（3）根据施工过程组织上的复杂程度，可以分解为工序、工作过程和综合工作过程。

1)工序是在组织上不可分割的,在操作过程中技术上不属于同类的施工过程。工序的特征是:工作者不变,劳动对象、劳动工具和工作地点也不变。在工作中如有一项改变,那就说明已经由一项工序转入另一项工序了。如钢筋制作,它由平直钢筋、钢筋除锈、切断钢筋、弯曲钢筋等工序组成。

从施工的技术操作和组织观点看,工序是工艺方面最简单的施工过程。但是如果从劳动过程的观点看,工序又可以分解为更小的组成部分——操作和动作。例如,弯曲钢筋的工序可以分为下列操作:把钢筋放在工作台上,将旋钮旋紧,弯曲钢筋,放松旋钮,将弯曲好的钢筋搁在一边。操作本身又包括了最小的组成部分——动作。如"把钢筋放在工作台上"这个操作,可以分解为以下"动作":走向钢筋堆放处,拿起钢筋,返回工作台,将钢筋移动到支座前面。而动作又是由许多动素组成的。动素是人体动作的分解。每一个操作和动作都是完成施工工序的一部分。施工过程、工序、操作、动作的关系如图2-4所示。

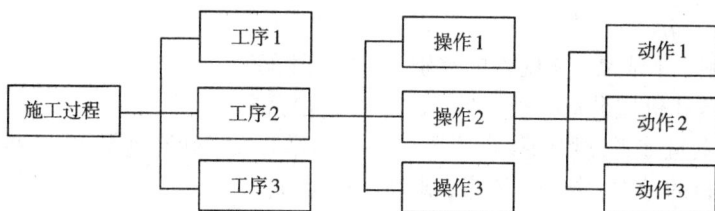

图2-4　施工过程的组成

在编制施工定额时,工序是基本的施工过程,是主要的研究对象。测定定额时只需要分解和标定到工序为止。如果进行某项先进技术或新技术的工时研究,就要分解到操作甚至动作为止,从中研究可加以改进操作或节约工时。

工序可以由一个人来完成,也可以由小组或施工队内的几名工人协同完成;可以手动完成,也可以由机械操作完成。在机械化的施工工序中,还可以包括由工人自己完成的各项操作和由机器完成的工作两部分。

2)工作过程是由同一工人或同一小组所完成的在技术操作上相互有机联系的工序的总合体。其特点是人员编制不变,工作地点不变,而材料和工具则可以变换。例如,砌墙和勾缝,抹灰和粉刷。

3)综合工作过程是同时进行的,在组织上有机地联系在一起的,并且最终能够获得一种产品的施工过程的总和。例如,砌砖墙这一综合工作过程,由调制砂浆、运砂浆、运砖、砌墙等工作过程构成,它们在不同的空间同时进行,在组织上有直接联系,并最终形成的共同产品是一定数量的砖墙。

(4)按照施工工艺性质不同,施工过程可以分为循环施工过程和非循环施工过程两类。凡各个组成部分按照一定顺序一次循环进行,并且每经过一次重复都可以产生出同一种产品的施工过程,成为循环施工过程,反之,若施工过程的工序或其组成部分不是以同样的次序重复,或者生产出来的产品各不相同,这种施工过程则称为非循环的施工过程。

综上所述,研究施工过程及其分类,其目的是通过对施工过程的性质和内容的研究,以便于在测定和制定定额时采用不同的技术测定方法;通过对施工过程的分析,进一步掌握其各组成部分中必须的工作时间、研究各项工作、操作及动作的组成是否合理,能否简化和改进，为实现动作优化，制定标准的操作方法，取得必要的资料、数据，为在科学分类的基础上制定定额创造条件。

三、影响施工过程的主要因素

施工过程中各个工序工时的消耗数值，即使在同一工地、同一工作环境条件下，也常常会由于施工组织、劳动组织、施工方法和工人劳动素质、情绪、技术水平的不同而有很大的差别。对单位建筑产品工时消耗产生影响的各种因素，称为施工过程的影响因素。对施工过程影响因素进行分析，便于在测定和整理定额数据时更合理地确定单位产品的劳动消耗量。

根据施工过程影响因素的产生和特点，施工过程的影响因素可分为技术因素、组织因素和自然因素三类。

1. 技术因素

主要包括：

(1)产品类别和质量要求。

(2)所用材料、半成品、构配件的类别、规格、性能。

(3)所用工具和机械设备类别、型号、性能及完好情况。

例如，砖墙砌筑施工过程的技术因素包括墙的垂直度、砂浆饱满度、砂浆厚度，门窗洞口的尺寸，原材料的种类、规格、质量，砌墙的种类等。

2. 组织因素

主要包括：

(1)施工组织、施工工艺要求及施工方法。

(2)合理的劳动组织。

(3)工人技术水平、操作熟练程度、劳动态度、劳动纪律、工人自身身体状况、智力状况。

(4)定额考核制度、劳动报酬、工资奖励分配形式。

(5)原材料和构配件的质量与供应组织。

3. 自然因素

主要包括：

气候条件、地址情况、劳动强度、粉尘、有害气体及人为障碍等。

研究施工过程中各种不同因素对于时间消耗的影响，是定额工作的基本任务之一。因为一项活动延续时间的长短，取决于施工过程的结构以及影响施工过程各组成部门时间消耗的因素。只有详细了解这些因素，才能发现与消除不利因素，进一步考核各因素之间的有利结合，减少完成施工活动的时间消耗量。

四、工作时间消耗的分类

研究施工中的工作时间最主要的目的是确定施工的时间定额和产量定额，其前提是对工作时间按其消耗性质进行分类，以便研究工时消耗的数量及其特点。

工作时间，指的是工作班延续时间。例如8小时工作制的工作时间就是8小时，午休时间不包括在内。对工作时间消耗的研究，可以分为两个系统进行，即工人工作时间的消耗和工人所使用的机器工作时间消耗。

（一）工人工作时间消耗的分类

工人在工作班内消耗的工作时间，按其消耗的性质，基本可以分为两大类：必须消耗的时间（定额时间）和损失时间（非定额时间）。工人工作时间的分类一般如图 2-5 所示。

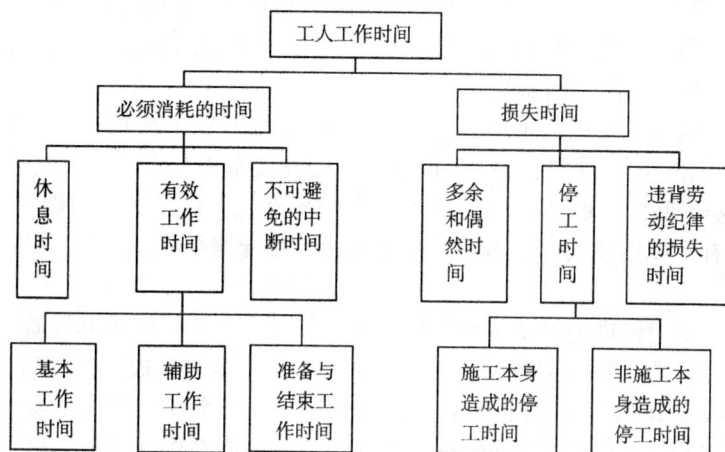

图 2-5 工人工作时间分类

（1）必须消耗的工作时间是工人在正常施工条件下，为完成一定合格产品（工作任务）所消耗掉的时间，是制定定额的主要依据，包括有效工作时间、休息时间和不可避免的中断时间的消耗。

1）有效工作时间是从生产效果来看与产品生产直接有关的时间消耗。其中，包括基本工作时间、辅助工作时间、准备与结束工作时间的消耗。

①基本工作时间是工人完成能生产一定产品的施工工艺过程所消耗的时间。通过这些工艺过程可以使材料改变外形，如钢筋撬弯等；可以改变材料的结构与性质，如混凝土制品的养护干燥等；可以使预制构配件安装组合成型；也可以改变产品外部及表面的性质，如粉刷、油漆等。基本工作时间所包括的内容依工作性质各不相同。基本工作时间的长短和工作量大小成正比。

②辅助工作时间是为保证基本工作能顺利完成所消耗的时间。在辅助工作时间里，不能使产品的形状大小、性质或位置发生变化。辅助工作时间的结束，往往就是基本工作时间的开始。辅助工作一般是手工操作。但如果在机手并动的情况下，辅助工作是在机械运转过程中进行的，为避免重复则不应再计算辅助工作时间的消耗。辅助工作时间的长短与工作量大小有关。

③准备与结束工作时间是执行任务前或任务完成后所消耗的工作时间。如工作地点、劳动工具和劳动对象的准备工作时间；工作结束后的整理工作时间等。准备和结束工作时间的长短与所担负的工作量大小无关，但往往和工作内容有关。这项时间消耗可以分为班内的准备与结束工作时间和任务的准备与结束工作时间。其中，任务的准备和结束时间是在一批任务的开始与结束时产生的，如熟悉图纸、准备相应的工具、事后清理场地等，通常不反映在每一个工作班里。

2）休息时间是工人在工作过程中为恢复体力所必需的短暂休息和生理需要的时间消耗。这种时间是为了保证工人精力充沛地进行工作，所以在定额时间中必须进行计算。休息时间

39

的长短和劳动条件、劳动强度有关，劳动越繁重紧张、劳动条件越差(如高温)，则休息时间需越长。

3)不可避免的中断所消耗的时间是由于施工工艺特点引起的工作中断所必需的时间。与施工过程工艺特点有关的工作中断时间，应包括在定额时间内，但应尽量缩短此项时间消耗。

(2)损失时间是与产品生产无关，而与施工组织和技术上的缺点有关，与工人在施工过程中的个人过失或某些偶然因素有关的时间消耗，损失时间中包括有多余和偶然工作、停工、违背劳动纪律所引起的工时损失。

1)多余工作，就是工人进行了任务以外而又不能增加产品数量的工作。如重砌质量不合格的墙体。多余工作的工时损失，一般都是由于工程技术人员和工人的差错而引起的，因此，不应计入定额时间中。偶然工作也是工人在任务外进行的工作，但能够获得一定产品。如抹灰工不得不补上偶然遗留的墙洞等。由于偶然工作能获得一定产品，拟定定额时要适当考虑它的影响。

2)停工时间，是工作班内停止工作造成的工时损失。停工时间按其性质可分为施工本身造成的停工时间和非施工本身造成的停工时间两种。施工本身造成的停工时间，是由于施工组织不善、材料供应不及时、工作面准备工作做的不好、工作地点组织不良等情况引起的停工时间。非施工本身造成的停工时间，是由于水源、电源中断引起的停工时间。前一种情况在拟定定额时不应该计算，后一种情况定额中则应给予合理的考虑。

3)违背劳动纪律造成的工作时间损失，是指工人在工作班开始和午休后的迟到、午饭前和工作班结束前的早退、擅自离开工作岗位、工作时间内聊天或办私事等造成的工时损失。由于个别工人违背劳动纪律而影响其他工人无法工作的时间损失，也包括在内。

(二)机械工作时间消耗的分类

在机械化施工过程中，对工作时间消耗的分析和研究，除了要对工人工作时间的消耗进行分类研究之外，还需要分类研究机械工作时间的消耗。

机械工作时间的消耗，按其性质也分为必须消耗的时间和损失时间两大类。如图2-6所示。

(1)在必须消耗的工作时间里，包括有效工作、不可避免的无负荷工作和不可避免的中断三项时间消耗。而在有效工作的时间消耗中又包括正常负荷下、有根据地降低负荷下的工时消耗。

1)正常负荷下的工作时间，是机器在以机器说明书规定的额定负荷相符的情况下进行工作的时间。

2)有根据地降低负荷下的工作时间，是在个别情况下由于技术上的原因，机器在低于其计算负荷下工作的时间。例如，汽车运输重量轻而体积大的货物时，不能充分利用汽车的载重吨位因而不得不降低其计算负荷。

3)不可避免的无负荷工作时间，是由施工过程的特点和机械结构的特点造成的机械无负荷工作时间。例如，筑路机在工作区末端调头等，就属于此项工作时间的消耗。

4)不可避免的中断工作时间是与工艺过程的特点、机器的使用和保养、工人休息有关的中断时间。

①与工艺过程的特点有关的不可避免中断工作时间，有循环的和定期的两种。循环的不可避免中断，是在机器工作的每一个循环中重复一次。如汽车装货和卸货时的停车。定期的不可避免中断，是经过一定时期重复一次。比如把灰浆泵由一个工作地点转移到另一个工作

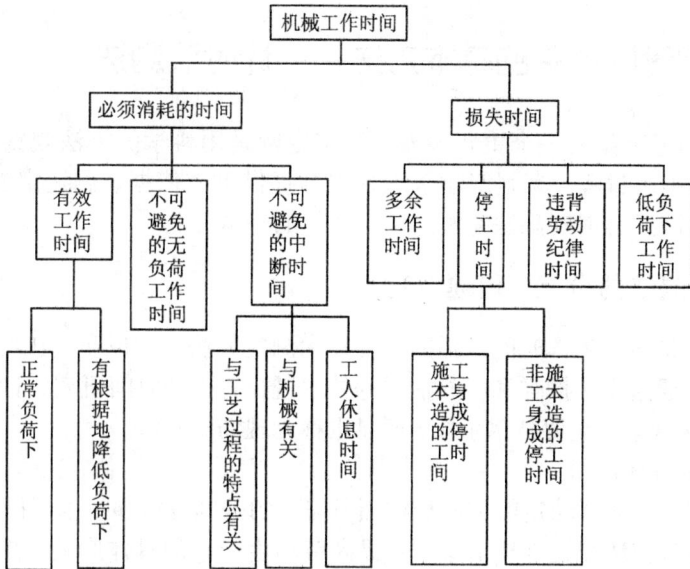

图 2-6　机械工作时间分类图

地点时的工作中断。

②与机器有关的不可避免中断工作时间，是由于工人进行准备与结束工作或辅助工作时，机器停止工作而引起的中断工作时间。它是与机器的使用与保养有关的不可避免中断时间。

③工人休息时间，前面已经做了说明。这里要注意的是，应尽量利用与工艺过程有关的和与机器有关的不可避免中断时间进行休息，以充分利用工作时间。

（2）损失的工作时间包括多余工作、停工、违背劳动纪律所消耗的工作时间和低负荷下的工作时间。

1）机器的多余工作时间，一是机器进行任务内和工艺过程内未包括的工作而延续的时间。如工人没有及时供料而使机器空运转的时间；二是机械在负荷下所做的多余工作，如混凝土搅拌机搅拌混凝土时超过规定搅拌时间，即属于多余工作时间。

2）机器的停工时间，按其性质也可分为施工本身造成的和非施工本身造成的停工。前者是由于施工组织的不好而引起的停工现象，如由于未及时供给机器燃料而引起的停工。后者是由于气候条件所引起的停工现象，如暴雨时压路机的停工。上述停工中延续的时间，均为机器的停工时间。

3）违反劳动纪律引起的机器的时间损失，是指由于工人迟到早退或擅离岗位等原因引起的机器停工时间。

4）低负荷下的工作时间，是由于工人或技术人员的过错所造成的施工机械在降低负荷的情况下工作的时间。例如，工人装车的砂石数量不足引起的汽车在降低负荷的情况下工作所延续的时间。此项工作时间不能作为计算时间定额的基础。

2.2 测定时间消耗的基本方法——计时观测法

定额测定是制定定额的一个主要步骤。测定定额是用科学的方法观察、记录、整理、分析施工过程，为制定建筑工程定额提供可靠依据。测定定额通常使用计时观测法，计时观测法是测定时间消耗的基本方法。

一、计时观测法的含义、用途及特点

计时观测法，是研究工作时间消耗的一种技术测定方法。它以研究工时消耗为对象，以观察测时为手段，通过密集抽样和粗放抽样等技术进行直接的时间研究。计时观测法用于建筑施工中时以现场观察为主要技术手段，所以也称为现场观测法。

计时观测法的具体用途：

(1)取得编制施工的劳动定额和机械定额所需要的基础资料和技术根据。

(2)研究先进工作法和先进技术操作对提高劳动生产率的具体影响，并应用和推广先进工作法和先进技术操作。

(3)研究减少工时消耗的潜力。

(4)研究定额执行情况，包括研究大面积、大幅度超额和达不到定额的原因，积累资料、反馈信息。

计时观测法能够把现场工时消耗情况和施工组织技术条件联系起来加以考察，它不仅能为制定定额提供基础数据，而且也能为改善施工组织管理、改善工艺过程和操作方法消除不合理的工时损失和进一步挖掘生产潜力提供技术根据。计时观测法的局限性是考虑人的因素不够。

二、计时观测法的准备工作

1. 确定需要进行及时观测的施工过程

计时观测之前的第一个准备工作是研究并确定有哪些施工过程需要进行计时观测。对于需要进行计时观测的施工过程要编出详细的目录，拟订工作进度计划，制定组织技术措施，并组织编制定额的专业技术队伍，按计划认真开展工作。在选择观测对象时，必须注意所选择的施工过程要完全符合正常施工条件。所谓施工的正常条件，是指绝大多数企业和施工队、组，在合理组织施工的条件下所处的施工条件。与此同时，还需要调查影响施工过程的技术因素、组织因素和自然因素。

2. 对施工过程进行预研究

对于已确定的施工过程的性质应进行充分的研究，目的是为了正确地安排计时观测和收集可靠的原始资料。研究的方法，是全面地对各个施工过程及其所处的技术组织条件进行实际调查和分析，以便设计正常的(标准的)施工条件和分析研究测时数据。

(1)熟悉与该施工过程有关的先行技术规范和技术标准等文件和资料。

(2)了解新采用的工作方法的先进程度，了解已经得到推广的先进施工技术和操作，还应了解施工过程存在的技术组织方面的缺点和由于某些原因造成的混乱现象。

(3)注意系统地收集完成定额的统计资料和经验资料，以便与计时观测所得的资料进行对比分析。

(4)把施工过程划分为若干个组成部分(一般划分到工序)。施工过程划分的目的是便于

计时观测。如果计时观测法的目的是为了研究先进工作法，或是分析影响劳动生产率提高或降低的因素，则必须将施工过程划分到操作以至动作。

（5）确定定时点和施工过程产品的计量单位。所谓定时点，即是上下两个相衔接的组成部分之间的分界点。确定定时点，对于保证计时观测的精确性是不容忽略的因素。确定产品计量单位，要能具体地反映产品的数量，并具有最大限度的稳定性。

3. 选择观察对象

所谓观察对象，就是对其进行计时观测完成该施工过程的工人。所选择的建筑安装工人，应具有能够完成或超额完成现行的施工劳动定额。

4. 其他准备工作

此外，还必须准备好必要的用具和表格。如测时用的秒表或电子计时器，测量产品数量的工器具，记录和整理测时资料用的各种表格等。如果有条件且有必要，还可配备电影摄像和电子记录设备。

三、计时观测法的主要测时方法

对施工过程进行观察、测时，计算实物和劳务产量，记录施工过程所处的施工条件和确定影响工时消耗的因素，是计时观测法的三项主要内容和要求。计时观测法种类很多，最主要的有三种，见图 2-7。

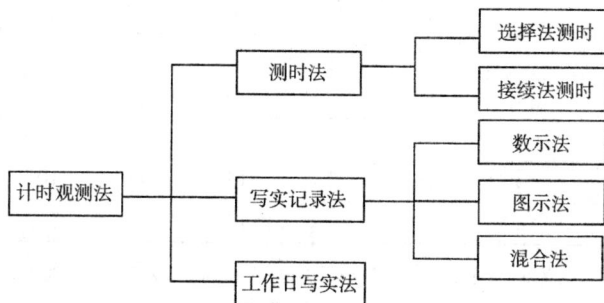

图 2-7　计时观测法的种类

1. 测时法

（1）测时法的分类

根据具体测时手段不同，可将测时法分为选择法测时和接续法测时两种。

1）选择法测时。它是间隔选择施工过程中非紧密连接的组成部分（工序或操作）测定工时，精确度达 0.5 s。

选择法测时也称为间隔法测时，当被观测的某一循环工作的组成部分开始，观测者立即开动秒表，当该组成部分终止，则立即停止秒表。然后把秒表上指示的延续时间记录到选择法测时记录（循环整理）表上，并把秒针拨回到零点。下一组成部分开始，再开动秒表，如此依次观测，并依次记录下延续时间。

采用选择法测时，应特别注意掌握定时点。记录时间时仍在进行的工作组成部分，应不予观察。当所测定的各工序或操作的延续时间较短时，连续测定比较困难，用选择法测时比较方便且简单。

2）接续法测时。它是连续测定一个施工过程各工序或操作的延续时间。接续法测时每次要记录各工序或操作的终止时间，并计算出本工序的延续时间。

接续法测时也称作连续法测时。它比选择法测时准确、完善，但观测技术也较之复杂。它的特点是在工作进行中和非循环组成部分出现之前一直不停止秒表，秒针走动过程中，观察者根据各组成部分之间的定时点，记录它的终止时间，再用定时点终止时间之间的差表示各组成部分的延续时间。

(2)测时法的观测次数

由于测时法是属于抽样调查的方法，因此为了保证选取样本的数据可靠，需要对于同一施工过程进行重复测时。一般来说，观测的次数越多，资料的准确性越高，但要花费较多的时间和人力，这样既不经济，也不现实。确定观测次数较为科学的方法，应该是依据误差理论和经验数据相结合的方法来判断。表 2-1 给出了测时法下观测次数的确定方法。很显然，需要的观测次数与要求的算术平均值精确度及数列的稳定系数有关。

表 2-1　测时法所必需的观测次数表

稳定系数 $K_p = \dfrac{t_{max}}{t_{min}}$	要求的算术平均值精确度 $E = \pm \dfrac{1}{\overline{X}} \sqrt{\dfrac{\sum \Delta^2}{n(n-1)}}$				
	5%以内	7%以内	10%以内	15%以内	25%以内
	观测次数				
1.5	9	6	5	5	5
2	16	11	7	5	5
2.5	23	15	10	6	5
3	30	18	12	8	6
4	39	25	15	10	7
5	47	31	19	11	8

注：表中符号的意义：t_{max} 为最大观测值；t_{min} 为最小观测值；$\overline{X}$ 为算术平均值；n 为观测次数；Δ 为每次观测值与算术平均值之差。

2. 写实记录法

写实记录法是一种研究各种性质的工作时间消耗的方法，包括基本工作时间、辅助工作时间、不可避免中断时间、准备与结束时间以及各种损失时间。采用这种方法，可以获得分析工作时间消耗和制定定额所必需的全部资料。这种测定方法比较简便、易于掌握，并能保证必需的精确度。因此，写实记录法在实际中得到了广泛应用。

写实记录法的观察对象，可以是一个工人，也可以是一个工人小组。当观察由一个人单独操作或产品数量可单独计算时，采用个人写实记录。如果观察工人小组的集体操作，而产品数量又无法单独计算时，可采用集体写实记录。

(1)写实记录法的种类

写实记录法按记录时间的方法不同分为数示法、图示法和混合法三种，计时一般采用有秒针的普通计时表即可。

1)数示法写实记录。数示法的特征是用数字记录工时消耗，是三种写实记录法中精确度较高的一种，精确度达 5 s，可以同时对两个工人进行观察，适用于组成部分较少而且比较稳定的施工过程。数示法用来对整个工作班或半个工作班进行长时间观察，因此能反映工人或机器工作日全部情况。

2）图示法写实记录。图示法是在规定格式的图标上用时间进度线条表示工时消耗量的一种记录方式，精确度可达30 s，可同时对3个以内的工人进行观察。这种方法的主要优点是记录简单，时间一目了然，原始记录整理方便。

3）混合法写实记录。混合法吸取数字和图示两种方法的优点，以图示法中的时间进度线条表示工序的延续时间，在进度线的上部加写数字表示各时间区段的工人数。混合法适用于3个以上工人工作时间的集体写实记录。

（2）写实记录法的延续时间

与确定测时法的观察次数相同，为保证写实记录法的数据可靠性，需要确定写实记录法的延续时间。延续时间的确定，是指在采用写实记录法中任何一种方法进行测定时，对每个被测施工过程或同时测定两个以上施工过程所需的总延续时间的确定。

延续时间的确定，应立足于既不能消耗过多的观察时间，又能得到比较可靠和准确的结果。同时还必须注意：所测施工过程的广泛性和经济价值；已经达到的功效水平的稳定程度；同时测定不同类型施工过程的数目；被测定的工人人数以及测定完成产品的可能次数等。写实记录法所需的延续时间如表2-2所示，必须同时满足表中三项要求，如其中任一项达不到最低要求，应酌情增加延续时间。

表2-2　写实记录法确定延续时间表

序号	项目	同时测定施工过程的类型数	测定对象		
			单人的	集体的	
				每组2~3人	每组4人以上
1	被测定的个人或小组的最低数	任一数	3人	3个小组	2个小组
2	测定总延续时间的最小值(h)	1	16	12	8
		2	23	18	12
		3	28	21	24
3	测定完成产品的最低次数	1	4	4	4
		2	6	6	6
		3	7	7	7

3．工作日写实法

工作日写实法是一种研究整个工作班内的各种工时消耗的方法。

运用工作日写实法主要有两个目的，一是取得编制定额的基础资料；二是检查定额的执行情况，找出缺点，改进工作。当用于第一个目的时，工作日写实的结果要获得观察对象在工作班内工时消耗的全部情况，以及产品数量和影响工时消耗的影响因素。其中，工时消耗应该按工时消耗的性质分类记录。在这种情况下，通常需要测定3~4次。当用于第二个目的时，通过工作日写实应该做到：查明工时损失量和引起工时损失的原因，制定消除工时损失，改善劳动组织和工作地点组织的措施，查明熟练工人是否能发挥自己的专长，确定合理的小组人数和合理的小组分工；确定机器在时间利用和生产率方面的情况，找出使用不当的原因，制定出改善机器使用情况的技术组织措施，计算工人或机器完成定额的实际百分比和可能百分比。在这种情况下，通常需要测定1~3次。工作日写实法与测时法、写实记录法相比较，具有技术简便、费时不多、应用面广和资料全面的优点，在我国是一种采用较广的编制定额的方法。工作日写实法的缺点：由于有观察人员在场，即使在观测前做了充分准备，仍不免在工时利用上有一定的虚假性；工作日写实法的观测工作量较大，费时较多，费用亦高。

工作日写实法，利用写实记录表记录观测资料。记录时间时不需要将有效工作时间分为各个组成部分，只需划分适合于技术水平和不适合于技术水平两类。但是工时消耗还需按性质分类记录。工作日写实法示例如表2-3所示。

表 2-3　工作日写实法结果表

施工单位名称	测定日期	延续时间	调查次号	页次
×××三公司	××××年××月××日	8 h 30 min		
施工过程名称	钢筋混凝土直形墙模板安装			

工时消耗表

序号	工时消耗分类	时间消费 /min	百分比 /%	施工过程中的问题及建议
	一、定额时间			
1	基本工作时间：适于技术水平的	1198	74.5	本资料造成非定额时间的原因主要是：
2	不适于技术水平的			(1) 劳动组织不合理，开始由三人操作，中途又增加一人，在实际工作中经常出现一人等工的现象
3	辅助工作时间	53	3.3	
4	准备与结束时间	14	0.87	
5	休息时间	12	0.75	(2) 等材料，上班后领材料时未找到材料员而造成等工
6	不可避免的中断时间	9	0.58	
7	合计	1286	80	(3) 产品不符合质量要求返工，由于技术交底马虎，工人对产品规格要求也未真正弄清楚，结果造成返工
	二、非定额时间			
8	由于劳动组织的缺点而停工	19	1.18	(4) 违反劳动纪律，主要是上班迟到和工作时间闲谈
9	由于缺乏材料而停工	102	6.34	建议：
10	由于工作地点未准备好而停工			切实加强施工管理工作，班前要认真做好技术交底，职能人员要坚守岗位，保证材料及时供应，并预先办好领料手续，提前领料，科学地按定额规定每工应完成的产量结合工人实际工效安排劳动力，加强劳动纪律教育，按时上班，集中思想工作。经认真改善后，劳动效率可提高25%左右
11	由于机具设备不正常而停工			
12	产品质量不符返工	132	8.21	
13	偶然停工(停水、停电、暴风雨)			
14	违反劳动定额	69	4.27	
15	其他损失时间			
16	合计	322	20	
17	消耗时间总计	1608	100	
	完成产品数量	52.15 m²		
	生产率：实际：$1608/(60\times8\times52.15)=0.064$（工日/m²） 可能：$1286/(60\times8\times52.15)=0.051$（工日/m²）			可以提高：$(0.064/0.051-1)\times100\%=25\%$

2.3　人工消耗定额的确定

人工消耗定额的内容　人工消耗定额的确定

人工消耗定额的
确定—导学

　　人工消耗定额也称劳动消耗定额或劳动定额,它是在一定生产技术组织条件下,完成单位合格产品所必需的劳动消耗量的标准。这个标准是国家和企业对工人在单位时间内完成的产品数量、质量的综合要求,是表示建筑安装工人劳动生产率的一个先进合理指标。

　　建筑工程各类定额中,劳动定额都是重要的组成部分,是编制人工消耗指标的基础。为了便于综合和核算,劳动定额大多采用工作时间消耗量来表达和计算劳动消耗的数量。

一、劳动定额的表现形式

　　劳动定额的表现形式有时间定额和产量定额两种。

(一)时间定额

　　时间定额是指在一定的生产技术和生产组织条件下,某工种、某技术等级的工人小组或个人,完成单位合格产品所必须消耗的工作时间。

　　时间定额以单位产品的时间为计量单位,如:工日/m³、工日/m²、工日/m、工日/t 等,每一个工日工作时间按 8 小时(h)计算。

　　时间定额计算公式为:

$$单位产品的时间定额 = \frac{1}{每工日产量}$$

　　以小组计算时,则为:

$$单位产品的时间定额 = \frac{小组成员工日数总和}{小组每班产量}$$

　　【例 2-1】　某工程人工挖地槽,挖土深度 1.5 m,槽底宽 0.8 m,一工日挖土方量 0.42 m³,则:时间定额 = 1/0.42 = 2.381(工日/m³)。

　　【例 2-2】　某工程基础挖土方,由 6 名工人组成施工小组,一工日挖土方 19.02 m³,则:时间定额 = 6/19.02 = 0.315(工日/m³)。

(二)产量定额

　　产量定额是指在一定的生产技术和生产组织条件下,某工种、某技术等级的工人小组或个人,在单位时间(工日)内完成合格产品的数量,也称为每工日产量。

　　产量定额的计量单位以单位时间的产品计量单位表示,如:m³/工日、m²/工日、m/工日、t/工日等。

　　产量定额计算公式为:

$$每工日的产量定额 = \frac{1}{单位产品的时间定额(工日)}$$

以小组计算时，则为

$$小组台班产量 = \frac{小组成员工日数总和}{单位产品的时间定额(工日)}$$

【例2-3】 某工程人工挖地槽，挖土深度3 m，槽底宽1.2 m，土壤类别为一类土，人工挖土时间定额为0.292工日/m³，则每工日产量=1/0.292=3.425(m³/工日)。

(三)时间定额和产量定额的关系

时间定额与产量定额互为倒数关系。
即：时间定额×产量定额=1
或：时间定额=1/产量定额　　　产量定额=1/时间定额

【例2-4】 水泥砂浆抹预制板天棚的时间定额为1.15工日/10 m²，则：产量定额=1/时间定额=1/1.15=0.87(10 m²/工日)=8.70(m²/工日)。

二、劳动定额的确定方法

(一)技术测定法

技术测定法是指应用测时法、写实记录法、工作日写实法等几种计时观测法获得工作时间的消耗数据，进而制定人工消耗定额。劳动定额的表现形式有时间定额和产量定额两种，它们之间互为倒数关系，拟定出时间定额，即可以计算出产量定额。

时间定额是在确定工序作业时间、规范时间的基础上制定的。

1.确定工序作业时间

根据计时观测资料的分析和选择，我们可以获得各种产品的基本工作时间和辅助工作时间，将这两种时间合并称之为工序作业时间。它是产品主要的必须消耗的工作时间，是各种因素的集中反映，决定着整个产品的定额时间。

(1)拟定基本工作时间

基本工作时间在必须消耗的工作时间中占的比重最大。在确定基本工作时间时，必须细致、精确。基本工作时间消耗一般应根据计时观测资料来确定。其做法是，首先确定工作过程每一组成部分的工时消耗，然后再综合出工作过程的工时消耗。如果组成部分的产品计量单位和工作过程的产品计量单位不符，就需要先求出不同计量单位的换算系数，进行产品计量单位的换算，然后再相加，求得工作过程的工时消耗。

1)各组成部分与最终产品单位一致时的基本工作时间计算。此时，单位产品基本工作时间就是施工过程各个组成部分作业时间的总和，计算公式为：

$$T_1 = \sum_{i=1}^{n} t_i$$

式中：T_1——单位产品基本工作时间；
　　　t_i——各组成部分的基本工作时间；
　　　n——各组成部分的个数。

2)各组成部分单位与最终产品单位不一致时的基本工作时间计算。此时，各组成部分基本工作时间应分别乘以相应的换算系数。计算公式为：

$$T_1 = \sum_{i=1}^{n} k_i \times t_i$$

式中：k_i——对应于 t_i 的换算系数。

【例 2-5】 砌砖墙勾缝的计量单位是 m^2，但若将勾缝作为砌砖墙施工过程的一个组成部分对待，即将勾缝时间按砌墙厚度按砌体体积计算，设每平方米墙面所需的勾缝时间为 10 分钟，试求各种不同墙厚每立方米砌体所需的勾缝时间。

【解】 ①1 砖厚的砖墙，其每立方米砌体墙面面积的换算系数为 $1/0.24 = 4.17(m^2)$

则每立方米砌体所需的勾缝时间是：$4.17 \times 10 = 41.7(min)$

②标准砖规则为 240 mm×115 mm×53 mm，灰缝宽 10 mm

故一砖半墙的厚度 = 0.24+0.115+0.01 = 0.365(m)

一砖半厚的砖墙，其每立方米砌体墙面面积的换算系数为 $1/0.365 = 2.74(m^2)$

则每立方米砌体所需的勾缝时间是：$2.74 \times 10 = 27.4(min)$

(2)拟定辅助工作时间

辅助工作时间的确定方法与基本工作时间相同。如果在计时观测时不能取得足够的资料，也可采用工时规范或经验数据来确定。如符合现行的工时规范，可以直接利用工时规范中规定的辅助工作时间的百分比来计算。举例见表 2-4。

表 2-4 木作工程各类辅助工作时间的百分率参考表

工作项目	占工序作业时间/%	工作项目	占工序作业时间/%
磨跑刀	12.3	磨线刨	8.3
磨槽刨	5.9	锉锯	8.2
磨凿子	3.4		

2.确定规范时间

规范时间内容包括工序作业时间以外的准备与结束时间、不可避免的中断时间以及休息时间。

(1)确定准备与结束时间

准备与结束工作时间分为工作日和任务两种。任务的准备与结束时间通常不能集中在某一个工作日中，而要采取分摊计算的方法，分摊在单位产品的时间定额里。

如果在计时观测资料中不能取得足够的准备与结束时间的资料，也可根据工时规范或经验数据来确定。

(2)确定不可避免的中断时间

在确定不可避免的中断时间的定额时，必须注意由工艺特点所引起的不可避免中断才可列入工作过程的时间定额。

不可避免的中断时间也需要根据测时资料通过整理分析获得，也可以根据经验数据或工时规范，以占工作日的百分比表示此项工时消耗的时间定额。

(3)拟定休息时间

休息时间应根据工作班作息制度、经验资料、计时观测资料，以及对工作的疲劳程度作全面分析来确定。同时，应考虑尽可能利用不可避免的中断时间作为休息时间。

规范时间均可利用工时规范或经验数据确定,常用的参考数据可如表2-5所示。

表2-5 准备与结束时间、休息时间、不可避免的中断时间占工作时间的百分率参考表

序号	工种	准备与结束时间占比/%	休息时间占比/%	不可避免的中断时间占比/%
1	材料运输及材料加工	2	13~16	2
2	人力土方工程	3	13~16	2
3	架子工程	4	12~15	2
4	砖石工程	6	10~13	4
5	抹灰工程	6	10~13	3
6	手工木作工程	4	7~10	3
7	机械木作工程	3	4~7	3
8	模板工程	5	7~10	3
9	钢筋工程	4	7~10	4
10	现浇混凝土工程	6	10~13	3
11	预制混凝土工程	4	10~13	2
12	防水工程	5	25	3
13	油漆玻璃工程	3	4~7	2
14	钢制品制作及安装工程	4	4~7	2
15	机械土方工程	2	4~7	2
16	石方工程	4	13~16	2
17	机械打桩工程	6	10~13	3
18	构件运输及吊装工程	6	10~13	3
19	水暖电气工程	5	7~10	3

3. 拟定定额时间

确定的基本工作时间、辅助工作时间、准备与结束时间、不可避免的中断时间与休息时间之和,就是劳动定额的时间定额。根据时间定额可计算出产量定额,时间定额和产量定额互为倒数。利用工时规范,可以计算劳动定额的时间定额。计算公式如下:

$$规范时间 = 准备与结束时间 + 不可避免的中断时间 + 休息时间$$

$$工序作业时间 = 基本工作时间 + 辅助工作时间$$

$$= \frac{基本工作时间}{1-辅助时间占比}$$

$$时间定额 = \frac{工序作业时间}{1-规范时间占比}$$

【例2-6】 通过计时观测资料得知:人工挖二类土1 m³的基本工作时间为6 h,辅助工

作时间占工序作业时间的2%。准备与结束时间、不可避免的中断时间、休息时间分别占工作日的3%、2%、18%。该人工挖二类土的时间定额是多少?

【解】 基本工作时间 = 6 h/m³ = 0.75(工日/m³)

工序作业时间 = 0.75/(1−2%) = 0.765(工日/m³)

时间定额 = 0.765/(1−3%−2%−18%) = 0.994(工日/m³)

(二)比较类推法

比较类推法也称典型定额法,是以某同类型定额项目的水平或技术测定的实际消耗工时为依据,经过分析比较,类推出同一组定额中相邻项目时间定额的方法。例如:已知挖一类土地槽槽底宽和不同槽深的时间定额,根据各类土耗用工时的比例来推算挖二、三、四类土地槽的时间定额。

比较类推的计算方法为

$$t = P \times t_o$$

式中:t——比较类推同类相邻定额项目的时间定额;

P——各同类相邻项目耗用工时的比例(以典型项目为1);

t_o——典型项目的时间定额。

这种方法的优点是简便、工作量少,只要典型定额选择恰当,切合实际,具有代表性,类推出的定额水平一般比较合理;缺点是如果典型选择不当,整个系列定额都会有偏差,计算结果有的需要作一定调整。这种方法适用于定额测定比较困难,同类型项目产品品种多,批量少的施工过程。如现行《建设工程劳动定额》,挖地槽(沟)土方时间定额项目(表2-6)就是利用这种方法编制的。

表2-6 挖地槽(沟)土方时间定额表

工日/m³

定额编号	AB0009	AB0010	AB0011
项目	底宽≤1.5 m,深度(≤m)		
	3	4.5	6
一类土	0.255	0.331	0.407
二类土	0.353	0.429	0.505
三类土	0.536	0.612	0.688
四类土	0.780	0.856	0.932

【例2-7】 已知:挖一类土地槽,槽底宽在1.5 m以内且不同槽深的时间定额如表2-6所示,推算挖二、三、四类土地槽的时间定额(一类土与二、三、四类土的比例关系分别为1.384,2.102,3.06)。

【解】 挖四类土槽底宽为1.5 m以内,深度为3 m以内的时间定额为

$$t_4 = P_4 \times t_o = 3.06 \times 0.255 = 0.780(工日/m³)$$

其余项目时间定额均如此计算,见表2-6。

(三)统计分析法

统计分析法是根据一定时期内生产同类建筑产品各工序的实际工时消耗统计资料,结合当前生产技术组织条件的变化因素,进行分析研究、整理和修正从而制定定额的方法。

采用统计分析法需要有准确的原始记录和统计工作基础,并且选择正常的及一般水平的施工单位与班组,同时还要选择部分先进和落后的施工单位与班组进行分析和比较。

如果过去的统计数据中包括某些不合理的因素,水平可能偏于保守,为了使定额保持平均先进水平,可从统计资料中求出平均先进值,其计算步骤如下:

(1)删除统计资料中特别偏高、偏低及明显不合理的数据。

(2)计算出算术平均值。

(3)在工时统计数组中,取小于上述算术平均值的数组,再计算其平均值,即为所求的平均先进值。

【例 2-8】 已知由统计得来的工时消耗资料统计数组:10,25,30,35,40,50,40,60,45,55,80,计算平均先进值。

解: 上组数据中 10、80 分别是明显偏低、偏高的数,应删除。

$$算术平均值 = \frac{25 + 30 + 35 + 40 + 50 + 40 + 60 + 45 + 55}{9} = 42.2$$

从数组中选出小于算术平均值 42.2 的数,求平均先进值:

$$平均先进值 = \frac{25 + 30 + 35 + 40 + 40}{5} = 34$$

计算所得平均先进值,也就是定额水平的依据。

(四)经验估计法

经验估计法,一般是定额专业测定人员、工程技术人员和从事施工生产、施工管理丰富经验的工人代表,参照施工图样、施工验收规范等有关技术资料,通过座谈讨论、分析研究和计算而制定定额的方法。

这种方法的优点是定额制定较为简单,易于掌握,工作量小,时间短,不需要具备更多的技术条件;缺点是主观因素影响大,技术数据不足,准确性差。这种方法只适用于批量小,不易计算工作量的生产过程。

三、劳动定额的作用

(一)是制定预算定额的依据

确定建筑工程预算定额中的各施工过程或单位建筑产品的劳动力耗用量,是以劳动定额为基础的。劳动定额是建筑工程定额中最基本、最重要的组成部分。

(二)是计划管理的依据

施工单位的计划管理,需编制年、季、旬生产计划、作业计划、施工进度计划、劳动工资计划等,确定上述计划的基本数据的根据是劳动定额。应当指出,施工单位编制所有计划,应以本企业平均先进的劳动定额为依据。

（三）是衡量劳动生产率的标准

衡量施工单位、施工班组及个人的劳动生产率，是以劳动定额为唯一标准。随着施工工艺、技术、工具、设备的改进和劳动生产率的提高，劳动定额亦应相应调整，以显示建筑业生产率的不断提高。

（四）是按劳分配和推行经济责任制的依据

施工单位实行计件工资和计时奖励制，均应以劳动定额为结算依据。

施工单位签发施工任务书，规定各施工队职责范围的依据是劳动定额，使生产、计划、成果及分配统一起来，也使国家、集体与个人利益相一致。

（五）是推广先进技术和劳动竞赛的基本条件

以劳动定额为基础，可测定本单位、本班组及个人的生产率，找出差距和影响因素。采用先进技术，改进操作方法，开展班组之间和个人之间的劳动竞赛，均以劳动定额为依据，促进劳动生产率的提高。

（六）是施工单位经济核算的依据

施工单位考核与分析建筑产品的劳动量消耗，是以劳动定额为依据进行核算，并用来控制劳动消耗和产品的工时消耗，降低建筑产品中的人工费用消耗。

现摘录《建设工程劳动定额》（LD/T 72.4—2008）第四分册砌筑工程的砖砌体工程中的"砖墙"时间定额表，如表2-7所示。

表 2-7　砖墙砌体劳动定额

工日/m³

定额编号	AD0020	AD0021	AD0022	AD0023	AD0024	编号
项目			混水内墙			
	1/2 砖	3/4 砖	1 砖	3/2 砖	≥2 砖	
综合	1.38	1.340	1.020	0.994	0.917	一
砌砖	0.865	0.815	0.482	0.448	0.404	二
运输	0.434	0.437	0.440	0.440	0.395	三
调制砂浆	0.085	0.089	0.101	0.106	0.118	四

注：工作内容包括：砌墙面艺术形式、墙垛、平碹模板；梁板头模板；板下塞砖、楼梯间砌砖留楼梯踏步斜槽、留孔洞、砌各种凹进处、山墙泛水槽；安放木砖、铁件；安装 60 kg 以内的预制混凝土门窗过梁、隔板、垫块以及调整立好后的门窗框等。

根据表2-7砖墙分项时间定额表，可知砌 1 m³ 的 1 砖厚混水内墙，需 1.02 个工日，每工日综合可砌 1/1.02 m³＝0.98 m³ 的 1 砖混水内墙。

【例2-9】某工程需要砌筑 300 m³ 的 3/4 砖厚混水内墙，现场每天有 15 个工人施工，求完成该工程需要的施工天数。

解：从表2-7知完成 3/4 砖厚 1 m³ 混水内墙所需要的综合工日为 1.34 工日。则完成

$300\ m^3$ 混水内墙 3/4 砖厚所需要的劳动量为 1.34 工日/$m^3 \times 300\ m^3 = 402$ 工日。

施工天数 = 402/15 天 = 26.8 天 ≈ 27 天

【例 2-10】某住宅有内墙砌筑任务，总砌筑量为 1/2 砖厚混水内墙 2300 m^3，计划 60 天完成任务，求完成该项任务需要的人数。

解：由砖墙砌体劳动定额可知，完成 1 m^3 1/2 砖厚混水内墙需要 1.38 工日，则完成 2300 m^3 1/2 砖厚混水内墙需要 1.38×2300 = 3174（工日）。

需要的人数 = 3174/60 = 52.9 ≈ 53（人）

2.4 材料消耗定额的确定

 材料消耗定额的确定-导学

 材料消耗定额的内容

 材料消耗定额的确定（砌体材料）

 材料消耗量的确定（块料面层和周转材料）

一、施工中的材料消耗

施工中材料的消耗，可分为必须的材料消耗和损失的材料消耗两类。

必须的材料消耗，是指在合理使用材料的条件下，生产单位合格产品所需消耗的材料数量。它包括直接用于建筑和工程的材料、不可避免的施工废料和不可避免的材料损耗。其中，直接构成建筑安装工程实体的材料用量称为材料净用量；不可避免的施工废料和材料损耗数量称为材料损耗量。

材料的消耗量由材料净用量和材料损耗量组成。其公式如下：

材料消耗量 = 材料净用量 + 材料损耗量

材料损耗量用材料损耗率（%）来表示，即材料的损耗量与材料净用量的比值。可用下式表示：

材料损耗率 = （材料损耗量/材料净用量）×100%

材料损耗率确定后，材料消耗定额亦可用下式表示：

材料消耗量 = 材料净用量×（1+材料损耗率）

部分原材料、半成品、成品损耗率（%）详见表 2-8。

表 2-8 部分原材料、半成品、成品损耗率

材料名称	工程项目	损耗率/%	材料名称	工程项目	损耗率/%
普通黏土砖	地面、屋面、空花（斗）墙	1.5	水泥砂浆	抹灰及墙裙	2
普通黏土砖	基础	0.5	水泥砂浆	地面、屋面、构筑物	1

续表2-8

材料名称	工程项目	损耗率/%	材料名称	工程项目	损耗率/%
普通黏土砖	实砌墙体	1	混凝土（现浇）	二次灌浆	3
白瓷砖		3.5	混凝土（现浇）	地面	1
陶瓷锦砖		1.5	混凝土（现浇）	其余部分	1.5
面砖、缸砖		2.5	细石混凝土		1
水磨石板		1.5	钢筋（预应力）	后张吊车梁	13
大理石板		1.5	钢筋（预应力）	先张高强钢丝	9
水泥瓦、黏土瓦（包括脊瓦）		3.5	钢材	其他部分	6
石棉波形瓦（板瓦）		4	铁件	成品	1
砂	混凝土、砂浆	3	小五金	成品	1
白石子		4	木材	窗扇、框（包括配料）	6
砾(碎)石		3	木材	屋面板平口制作	4.4
乱毛石	砌墙	2	木材	屋面板平口安装	3.3
方整石	砌体	3.5	木材	木栏杆及扶手	4.7
碎砖、炉(矿)渣		1.5	木材	封檐板	2.5
珍珠岩粉		4	模板制作	各种混凝土	5
生石膏		2	模板安装	工具式钢模式板	1
水泥		2	模板安装	支撑系统	1
砌筑砂浆	砖、毛方石砌体	1	胶合板、纤维板、吸声板	顶棚、间壁	5
砌筑砂浆	空斗墙	5	石油沥青		1
砌筑砂浆	多孔砖墙	1	玻璃	配制	15
砌筑砂浆	加气混凝土块	2	石灰砂浆	抹顶棚	1.5
混合砂浆	抹顶棚	3	石灰砂浆	抹墙及墙裙	1
混合砂浆	抹灰及墙裙	2	水泥砂浆	抹顶棚、梁、柱腰线、挑檐	2.5

二、材料消耗定额的确定方法

确定实体材料的净用量定额和材料损耗定额的计算数据，是通过现场技术测定、实验室试验、现场统计和理论计算等方法获得的。

（1）现场技术测定法，又称为观测法，是根据对材料消耗过程的测定与观察，通过完成产品数量和材料消耗量的计算，而确定各种材料消耗定额的一种方法。现场技术测定法主要适用于确定材料损耗量，因为该部分数值用统计法或其他方法较难得到。通过现场观察，还可以区别出哪些是可以避免的损耗，哪些是属于难以避免的损耗，明确定额中不应列入可以避免的损耗。

（2）实验室试验法，主要用于编制材料净用量定额。通过试验，能够对材料的结构、化学成分和物理性能以及按强度等级控制的混凝土、砂浆、沥青、油漆等配比得出科学的结论，给编制材料消耗定额提供出有技术根据的、比较精确的计算数据。但其缺点在于无法估计到施工现场某些因素对材料消耗量的影响。

（3）现场统计法，是以施工现场积累的分部分项工程使用材料数量、完成产品数量、完成工作原材料的剩余数量等统计资料为基础，经过整理分析，获得材料消耗的数据。这种方法由于不能分清材料消耗的性质，因而不能作为确定材料净用量定额和材料损耗定额的依据，只能作为编制定额的辅助性方法使用。

上述三种方法的选择必须符合国家有关标准规范，即材料的产品标准，计量要使用标准容器和称量设备，质量符合施工验收规范要求，以保证获得可靠的定额编制依据。

（4）理论计算法，是运用一定的数学公式计算材料消耗定额。

如砌体材料用量的计算过程中每立方米砖墙的用砖数量和砌筑砂浆的用量，可用下列理论计算公式计算各自的净用量：

用砖数：

$$A = \frac{1}{墙厚 \times (砖长 + 灰缝) \times (砖厚 + 灰缝)} \times k$$

式中：k——墙厚的砖数×2（即分母体积中砌块的数量）。

砂浆用量：

$$B = 1 - 砖数 \times 砌块体积$$

【例2-11】 计算 1 m³ 标准砖一砖厚外墙砌体砖数和砂浆的净用量。已知灰缝 10 mm，砖损耗率为 1%，砂浆损耗率为 1%。

【解】 ①标准砖的净用量

$$每 1\ m^3\ 砖墙标准砖净用量 = \frac{1}{0.24 \times (0.24 + 0.01) \times (0.053 + 0.01)} \times 1 \times 2$$
$$= 529.1（块）$$

②标准砖消耗量

每 1 m³ 砖墙标准砖消耗量 = 529.1×(1+1%) = 534.4（块）

③砂浆净用量

每 1 m³ 砖墙砂浆净用量 = 1-529.1×(0.24×0.115×0.053) = 0.226（m³）

④砂浆消耗量

每 1 m³ 砖墙砂浆消耗量 = 0.226×(1+1%) = 0.228（m³）

【例2-12】 计算尺寸为 390 mm×190 mm×190 mm 的 1 m³190 mm 厚混凝土空心砌块墙的砌块和砂浆总消耗量，灰缝 10 mm，砌块损耗率为 1.8%，砂浆损耗率为 1.8%。

【解】 ①每 1 m³ 砌体空心砌块净用量

$$= \frac{1}{0.19 \times (0.39 + 0.01) \times (0.19 + 0.01)} \times 1$$
$$= \frac{1}{0.19 \times 0.40 \times 0.20} = 65.8（块）$$

②每 $1\,m^3$ 砌体空心砌块消耗量 $=65.8\times(1+1.8\%)=67.0$(块)

③每 $1\,m^3$ 砌体砂浆净用量 $=1-65.8\times0.19\times0.19\times0.39=1-0.9264=0.074(m^3)$

④每 $1\,m^3$ 砌体砂浆消耗量 $=0.074\times(1+1.8\%)=0.075(m^3)$

2)块料面层的材料用量的计算。

每 $100\,m^2$ 面层块料数量、灰缝及结合层材料用量公式如下:

$$100\,m^2\ 块料净用量=\frac{100}{(块料长+灰缝宽)\times(块料宽+灰缝宽)}\quad(块)$$

$$100\,m^2\ 灰缝材料净用量=[100-(块料长\times块料宽\times100\,m^2\ 块料用量)]\times灰缝深$$

$$结合层材料用量=100\,m^2\times结合层厚度$$

【例 2-13】　用 1:1 水泥砂浆贴 150 mm×150 mm×5 mm 瓷砖墙面,结合层厚度为 10 mm,试计算每 $100\,m^2$ 瓷砖墙面中瓷砖和砂浆的消耗量(灰缝宽度为 2 mm)。假设瓷砖损耗率为 1.5%,砂浆损耗率为 1%。

【解】

①每 $100\,m^2$ 瓷砖墙面中瓷砖的净用量 $=\dfrac{100}{(0.15+0.002)\times(0.15+0.002)}=4328.25$(块)

②每 $100\,m^2$ 瓷砖墙面中瓷砖的消耗量 $=4328.25\times(1+1.5\%)=4393.17$(块)

③每 $100\,m^2$ 瓷砖墙面中结合层砂浆净用量 $=100\times0.01=1(m^3)$

④每 $100\,m^2$ 瓷砖墙面中灰缝砂浆净用量 $=[100-(4328.25\times0.15\times0.15)]\times0.005=0.013(m^3)$

⑤每 $100\,m^2$ 瓷砖墙面中水泥砂浆总消耗量 $=(1+0.013)\times(1+1\%)=1.02(m^3)$

三、周转性材料消耗量的确定

周转性材料是指在施工过程中不是一次性消耗的材料,而是可多次周转使用,经过修理、补充才逐渐消耗尽的材料,如:模板、脚手架、挡土板等。

周转性材料的定额消耗量是指周转材料每使用一次摊销的数量,其计算必须考虑一次使用量、周转次数、周转使用量、回收价值和摊销量之间的关系。

1.现浇混凝土构件周转性材料(木模板)用量计算

(1)一次使用量。一次使用量是指周转性材料一次投入量。周转性材料的一次使用量根据施工图计算,其用量与各分部、分项工程部位、施工工艺和施工方法有关。

其计算公式为:

一次使用量=混凝土构件模板接触面积×每 $1\,m^2$ 接触面积模板用量×(1+损耗率%)

(2)周转次数。周转次数是指周转性材料在补损条件下可以重复使用的次数。

(3)周转使用量。周转使用量是指周转性材料在周转使用和补损的条件下,每周转一次的平均需用量。周转性材料在周转过程中,其投入使用总量为:

$$投入使用总量=一次使用量+一次使用量\times(周转次数-1)\times补损率$$

周转使用量为:

$$周转使用量=\frac{投入使用总量}{周转次数}$$

$$=\frac{一次使用量+一次使用量\times(周转次数-1)\times补损率}{周转次数}$$

$$=\text{一次使用量}\times\frac{1+(\text{周转次数}-1)\times\text{补损率}}{\text{周转次数}}$$

若设
$$\text{周转使用系数}\,k_1=\frac{1+(\text{周转次数}-1)\times\text{补损率}}{\text{周转次数}}$$

则
$$\text{周转使用量}=\text{一次使用量}\times k_1$$

（4）回收量。回收量是指周转性材料每周转一次后，可以平均回收的数量。计算公式为：

$$\text{回收量}=\frac{\text{周转使用最终回收量}}{\text{周转次数}}=\frac{\text{一次使用量}-\text{一次使用量}\times\text{补损率}}{\text{周转次数}}$$

$$=\text{一次使用量}\times\frac{1-\text{补损率}}{\text{周转次数}}$$

（5）摊销量。摊销量是指为完成一定计量单位建筑产品，一次所需要摊销的周转性材料的数量。

$$\text{摊销量}=\text{周转使用量}-\text{回收量}\times\text{回收折价率}$$

$$=\text{一次使用量}\times k_1-\text{一次使用量}\times\frac{1-\text{补损率}}{\text{周转次数}}\times\text{回收折价率}$$

$$=\text{一次使用量}\times(k_1-\frac{1-\text{补损率}}{\text{周转次数}}\times\text{回收折价率})$$

若设：
$$\text{摊销量系数}\,k_2=k_1-\frac{1-\text{补损率}}{\text{周转次数}}\times\text{回收折价率}$$

则：
$$\text{摊销量}=\text{一次使用量}\times k_2$$

材料补损率是指周转性材料使用一次后，由于损坏需要补损的量与一次使用量之比。

回收折价率是指周转性材料在最后一次使用完后，其回收的残余材料价值与原材料价值之比。

表 2-9 为《全国统一建筑工程基础定额》中部分周转材料木模板周转次数、补损率及施工损耗表。

表 2-9　木模板周转次数、补损率及施工损耗表

序号	名称	周转次数/次	补损率/%	施工损耗/%
1	圆柱	3	15	5
2	异形梁	5	15	5
3	整体楼梯、阳台、栏杆	4	15	5
4	弧形圈梁	3	15	5
5	支撑、垫板、拉板	15	10	5
6	木模板	3	15	5

【例 2-14】　根据选定的设计图样计算弧形钢筋混凝土圈梁，每 100 m^2 钢筋混凝土弧形圈梁木模板接触面积需要模板木材 6.538 m^3，木支撑系统 1.246 m^3，回收折价率为 50%，试计算模板摊销量。

58

【解】　①每 100 m² 模板一次使用量计算

$$一次使用量 = 100 m² 模板接触面积木板净用量 \times (1+损耗率)$$

查表 2-9 知，施工损耗率为 5%。

$$木模板一次使用量 = 6.538 \times (1+5\%) = 6.865 (m^3)$$

$$木支撑一次使用量 = 1.246 \times (1+5\%) = 1.308 (m^3)$$

②每 100 m² 构件模板周转使用量

$$周转使用量 = 一次使用量 \times \frac{1+(周转次数-1) \times 补损率}{周转次数}$$

查表 2-9 知，木模板周转次数为 3 次，补损率为 15%，木支撑周转次数为 15 次，补损率为 10%。

$$模板周转使用量 = 6.865 \times \frac{1+(3-1) \times 15\%}{3} = 2.975 (m^3)$$

$$支撑周转使用量 = 1.308 \times \frac{1+(15-1) \times 10\%}{15} = 0.209 (m^3)$$

③每 100 m² 回收量计算

$$回收量 = 一次使用量 \times \frac{1-补损率}{周转次数}$$

$$模板回收量 = 6.865 \times \frac{1-15\%}{3} = 1.945 (m^3)$$

$$支撑回收量 = 1.308 \times \frac{1-10\%}{15} = 0.078 (m^3)$$

④每 100 m² 构件模板摊销量计算

$$摊销量 = 周转使用量 - 回收量 \times 回收折价率$$

$$模板摊销量 = 2.975 - 1.945 \times 50\% = 2.003 (m^3)$$

$$支撑摊销量 = 0.209 - 0.078 \times 50\% = 0.17 (m^3)$$

$$合计摊销量 = 2.003 + 0.17 = 2.173 (m^3)$$

2. 现浇混凝土构件周转性材料(组合钢模板、复合木模板)摊销量计算

组合钢模板、复合木模板属周转使用材料，但其摊销量与现浇构件木模板计算方法不同，它可不计算每次周转的损耗，只需要根据一次使用量及周转次数，即可计算出其摊销量。

计算公式如下：

$$周转材料摊销量 = \frac{100 m² 一次使用量 \times (1+施工损耗率)}{周转次数}$$

表 2-10 为《全国统一建筑工程基础定额》中部分周转材料组合钢模板、复合木模板周转次数及施工损耗表。

表 2-10　组合钢模板、复合木模板周转次数及施工损耗表

序号	名称	周转次数/次	施工损耗率/%	备注
1	模板	50	1	包括梁卡具。柱箍筋损耗率为2%
2	零星卡具	20	2	包括"V"形卡具、"L"形插销、梁形扣、螺栓
3	钢支撑系统	120	1	包括连杆、钢筋支撑、管扣件
4	木模板	5	5	
5	木支撑	10	5	包括琵琶撑、支撑、垫板、拉杆
6	钢钉、钢丝	1	2	
7	木楔	2	5	
8	尼龙帽	1	5	

【例 2-15】　根据选定的设计图样，计算 100 m² 现浇钢筋混凝土异形柱周转材料的摊销量。已知每 100 m² 异形柱(钢模、钢支撑)模板接触面积需组合式钢模板 3819 kg、模板木材 0.395 m³、钢支撑系统 7072.8 kg、零星卡具 547.8 kg。

【解】　组合钢模板、复合模板材料不考虑补损率，所以其摊销量计算公式为

$$周转材料摊销量 = \frac{100 \text{ m}^2 一次使用量 \times (1+施工损耗率)}{周转次数}$$

①钢模板：查表 2-10 可知，钢模板周转次数为 50 次，施工损耗 1%。

$$钢模板摊销量 = \frac{3819 \times (1+1\%)}{50} = 77.14 (\text{kg})$$

②模板木材：查表 2-10 可知，模板木材周转次数为 5 次，施工损耗 5%。

$$模板木材摊销量 = \frac{0.395 \times (1+5\%)}{5} = 0.083 (\text{kg})$$

③钢支撑系统：查表 2-10 可知，钢支撑系统周转次数为 120 次，施工损耗 1%。

$$钢模板摊销量 = \frac{7072.8 \times (1+1\%)}{120} = 59.53 (\text{kg})$$

④零星卡具：查表 2-10 可知，零星卡具周转次数为 20 次，施工损耗 2%。

$$钢模板摊销量 = \frac{547.8 \times (1+2\%)}{20} = 27.94 (\text{kg})$$

3. 预制构件模板计算

预制混凝土构件的模板虽属周转使用材料，由于损耗很少，因此按照多次使用平均分摊的方法计算，即不需要计算每次周转的损耗，只需要根据一次使用量及周转次数，就可算出摊销量。计算公式如下：

$$预制构件模板摊销量 = \frac{一次使用量}{周转次数}$$

【例 2-16】　根据选定的预制过梁标准图集计算，每立方米构件的模板接触面积为 12.45 m²，模板木材一次使用量 0.438 m³，模板周转次数为 10 次，计算预制构件木模板的摊销量。

【解】
$$预制构件模板摊销量 = \frac{一次使用量}{周转次数}$$

预制过梁木模板摊销量 $= 0.438/10 = 0.044 (\text{m}^3)$

2.5 机械台班消耗定额的确定

一、机械台班消耗定额的表现形式

施工机械台班消耗定额，简称机械台班定额，是指施工机械在正常的施工条件下，合理、均衡地组织劳动和使用机械时，该机械在单位时间内的生产效率。施工机械台班定额按其表现形式不同，可以分为机械台班时间定额和机械台班产量定额两种。

(一) 机械台班时间定额

它是指在合理的劳动组织与合理使用机械的条件下，生产某一单位合格产品所必需消耗的机械台班数量，计算单位用"台班"或"台时"来表示。工人使用一台机械，工作一个工作班称为一个台班，它既包括机械本身的工作，又包括使用该机械的工人的工作。

所谓"台班"就是一台机械工作一个工作班，即 8 小时。

(二) 机械台班产量定额

它是指在合理的劳动组织与合理使用机械的条件下，规定某种机械设备在单位时间内必须完成合格产品的数量，其计量单位是以产品的计量单位来表示的。

机械台班时间定额与机械台班产量定额是互为倒数关系的，即：

$$机械台班时间定额 = \frac{1}{机械台班产量定额}$$

(三) 机械台班人工配合定额

使用机械必须由工人小组配合，机械台班人工配合定额是指机械台班配合用工部分，即机械和人工共同工作时的人工定额。用公式表示如下：

$$时间定额 = \frac{机械台班内工人的总工日数}{机械的台班产量}$$

$$机械台班产量定额 = \frac{机械台班内工人的总工日数}{机械台班时间定额}$$

【例 2-17】 用塔式起重机安装某混凝土构件，由 1 名吊车司机、6 名安装起重工、3 名电焊工组成的小组共同完成。已知机械台班产量定额为 50 根。试计算吊装每一根构件的机械时间定额、人工时间定额和台班产量定额(人工配合)。

【解】 ①吊装装配每一根混凝土构件的机械时间定额 $= \dfrac{1}{机械台班产量定额} = 1/50 = 0.02$ (台班/根)

②吊装每一根构件的人工时间定额 $= (1+6+3)/50 = 0.2$ (工日/根)

③台班产量定额(人工配合)= 1/0.2 = 5(根/工日)

二、机械台班消耗定额的确定方法

(一)确定机械纯工作 1 h 正常生产率

机械纯工作时间,就是指机械的必需消耗时间。机械纯工作 1 h 正常生产率,就是在正常施工组织条件下,具有必需的知识和技能的技术工人操纵机械 1 h 的生产率。

根据机械工作特点的不同,机械纯工作 1 h 正常生产率的确定方法,也有所不同。

(1)对于循环动作机械,确定机械纯工作 1 h 正常生产率的计算公式如下:

机械一次循环的正常延续时间 $= \sum$ (循环各组成部分正常延续时间)-交叠时间

$$机械纯工作 1 h 循环次数 = \frac{60×60(s)}{一次循环的正常延续时间}$$

机械纯工作 1 h 正常生产率 = 机械纯工作 1 h 正常循环次数×一次循环生产的产品数量

(2)对于连续动作机械,确定机械纯工作 1 h 正常生产率要根据机械的类型和结构特征,以及工作过程的特点来进行。计算公式如下:

$$连续动作机械纯工作 1 h 正常生产率 = \frac{工作时间内生产的产品数量}{工作时间(h)}$$

工作时间内的产品数量和工作时间的消耗,要通过多次现场观察和机械说明书来取得数据。

(二)确定施工机械的正常利用系数

确定施工机械的正常利用系数,是指机械在工作班内对工作时间的利用率。机械的利用系数和机械在工作班内的工作状况有着密切的关系。所以,要确定机械的正常利用系数。首先要拟定机械工作班的正常工作状况,保证合理利用工时。机械正常利用系数的计算公式如下:

$$机械正常利用系数 = \frac{机械在一个工作班内纯工作时间}{一个工作班延续时间(8 h)}$$

(三)计算施工机械台班定额

计算施工机械台班定额是编制机械定额工作的最后一步。在确定了机械工作正常条件、机械 1 h 纯工作正常生产率和机械正常利用系数之后,采用下列公式计算施工机械的产量定额:

施工机械台班产量定额 = 机械纯工作 1 h 正常生产率×工作班纯工作时间

施工机械台班产量定额 = 机械纯工作 1 h 正常生产率×工作班延续时间×机械正常利用系数

$$施工机械时间定额 = \frac{1}{机械台班产量定额指标}$$

【例 2-18】 某工厂现场采用出料容量 500 L 的混凝土搅拌机,每一次循环中,装料、搅拌、卸料、中断需要的时间分别为 1 min、3 min、1 min、1 min,机械正常利用系数为 0.9,求该机械的台班产量定额。

【解】 该搅拌机一次循环的正常延续时间 = 1+3+1+1 = 6(min) = 0.1(h)

该搅拌机纯工作 1 h 循环次数 = 10(次)

该搅拌机纯工作 1 h 正常生产率 = 10×500 = 5000(L) = 5(m^3)

该搅拌机台班产量定额 = 5×8×0.9 = 36(m^3/台班)

【思政港湾】

10天左右建成火神山
和雷神山医院
——"两山速度"
彰显中国力量

【基础知识练习】

一、单选题(以下各题有且只有一个正确答案)

1.将工程建设定额划分为劳动、材料、机械消耗定额,这是按( )分类的。

A.定额的不同用途

B.定额反映的生产要素消耗内容

C.定额的编制单位和执行范围

D.投资的费用性质

2.按定额反映的生产要素消耗内容分类,可以把工程建设定额分为( )。

A.劳动消耗定额、施工定额、投资估算指标

B.机械消耗定额、施工定额,建筑工程定额

C.材料消耗定额、机械消耗定额、施工定额

D.劳动消耗定额、机械消耗定额、材料消耗定额

3.劳动定额的主要表现形式是时间定额,但同时也表现为产量定额,时间定额与产量定额的关系是( )。

A.独立关系   B.正比关系

C.互为相反关系   D.互为倒数

4.编制机械台班定额的重要前提是( )。

A.确定时间   B.确定地点

C.拟定正常的施工条件   D.确定人员

5.下列时间在定额中不予考虑的是( )。

A.休息时间

B.准备与结束时间

C.多余工作时间

D.不可避免的停工时间

6.施工机械台班产量定额 = ( )。

A.机械纯工作 1 台班正常生产率×工作班延续时间×机械正常利用系数

B. 机械纯工作1小时正常生产率×工作班延续时间×机械正常利用系数

C. 机械纯工作1天正常生产率×工作班延续时间×机械正常利用系数

D. 机械纯工作单位正常生产率×工作班延续时间×机械正常利用系数

7. 以下哪个不是定额时间的组成内容(　　)。

A. 基本工作时间　　B. 返工重做的时间　　C. 辅助工作时间　　D. 准备与结束工作时间

8. 已知某挖土机挖土的一次正常循环工作时间是2 min，每循环工作一次挖土0.5 m³，工作班的延续时间为8 h，机械正常利用系数为0.8，则其产量定额为(　　)m³/台班。

A. 300　　　　　　B. 150　　　　　　C. 120　　　　　　D. 96

9. 在确定材料定额消耗量时，建筑工程必须消耗的材料不包括(　　)。

A. 直接用于建筑工程的材料

B. 不可避免的施工废料

C. 不可避免的场外运输损耗材料

D. 不可避免的场内堆放损耗材料

10. 尺寸为390 mm×190 mm×190 mm的每立方米190 mm厚混凝土空心砌块墙的砌块和砂浆的总消耗量为(　　)，灰缝10 mm，砌块与砂浆的损耗率均为1.8%。

A. 65块，0.073 m³　　　　　　　　B. 66块，0.074 m³

C. 67块，0.075 m³　　　　　　　　D. 68块，0.076 m³

11. 某瓦工班组15人，砌1.5砖厚墙砖基础，需6天完成，砌筑砖基础的定额为1.25工日/m³，该班组完成的砌筑工程量是(　　)。

A. 112.5 m³　　　　　　　　　　　B. 90 m³/工日

C. 80 m³/工日　　　　　　　　　　D. 72 m³

12. 地砖规格为200 mm×200 mm，灰缝1 mm，其损耗率为1.5%，则100 m²地面地砖消耗量为(　　)。

A. 2475块　　　　B. 2513块　　　　C. 2500块　　　　D. 2462.5块

二、多选题(以下各题有两个及两个以上正确答案)

1. 由建设行政主管部门根据合理的施工组织设计，按照正常施工条件下制定的，生产一个规定计量单位工程合格产品所需(　　)的社会平均消耗量，称为消耗量定额。

A. 人工　　　　　　B. 材料　　　　　　C. 机械台班　　　　　D. 管理费

2. 定额时间的组成内容包括(　　)。

A. 基本工作时间　　B. 辅助工作时间　　C. 准备与结束时间　　D. 返工重做的时间

3. 劳动定额的表现形式有(　　)。

A. 工期定额　　　　B. 时间定额　　　　C. 产量定额　　　　　D. 施工定额

4. 材料消耗定额的构成包括(　　)。

A. 直接构成工程实体的材料　　　　　　B. 施工废料

C. 施工操作损耗　　　　　　　　　　　D浪费的材料

5. 机械纯工作时间包括(　　)。

A. 有效工作时间　　　　　　　　　　　B. 不可避免的无负荷工作时间

C. 不可避免的中断时间　　　　　　　　D. 循环时间

6.机械的有效工作时间包括( )。

A. 基本工作时间　　　　　　　　　　B. 辅助工作时间

C. 正常负荷下工作时间　　　　　　　D. 有根据地降低负荷下工作时间

7.在正常的施工条件下。预算定额中的人工工日消耗量是由( )组成的。

A. 基本用工　　　B. 人工幅度差　　　C. 辅助用工　　　D. 其他用工

【基本技能训练】

1.问题一：计算砌1 m³一砖厚灰砂砖墙(尺寸为240 mm×115 mm×53 mm)的砖和砂浆的净用量与总消耗量，标准砖、砂浆的损耗率均为1.5%。

问题二：用水泥砂浆贴450 mm×450 mm×10 mm的大理石地面，结合层5 mm厚，灰缝1 mm宽，大理石损耗率3%，砂浆损耗率1.7%，计算每100 m²地面的大理石和砂浆总消耗量。

问题三：某框架结构填充墙采用混凝土空心砌块砌筑，砌块尺寸390 mm×190 mm×190 mm，墙厚190 mm，砌块损耗率为1%，砂浆灰缝10 mm，砂浆损耗率1.5%。求每1 m³厚度为190 mm的墙体砌块净用量与消耗量和砂浆消耗量。

2.某现浇框架结构建筑的第二层层高为4 m，各方向的柱中心间距均为4.5 m，框架间为空心砌块墙，且各柱梁断面尺寸均相同，柱为450 mm×450 mm，梁为250 mm×600 mm，混凝土为C25，采用出料容积为400 L的混凝土搅拌机现场搅拌。

技术测定资料如下：

(1)砌筑空心砌块墙，每完成1 m²砌块墙要消耗基本工作时间40 min，辅助工作时间占工作延续时间的7%，准备与结束时间占5%，不可避免中断时间占2%，休息时间占3%，预算定额人工幅度差系数10%，框架间砌墙人工增加10%。

(2)400 L的混凝土搅拌机每一次循环时间：装料50 s，搅拌180 s，卸料40 s，不可避免中断20 s。机械利用系数为0.9，机械幅度差系数15%，定额混凝土损耗率为1.5%。

问题：(1)根据预算定额人工消耗指标测算原理计算砌筑每10 m³空心砌块墙人工消耗量；若要完成第二层共10跨框架间砌块墙(无洞口)，需综合人工多少工日？

(2)根据预算定额机械台班消耗指标测算原理计算每10 m³混凝土需混凝土搅拌机台班消耗量；若要完成第二层共10跨框架梁的混凝土制作，计算需混凝土搅拌机多少台班？

3.砖筑1.5砖厚标准砖墙的技术测定资料如下：

(1)完成1 m³的砖砌体需基本工作时间15.5 h，辅助工作时间占工作班延续时间的3%，准备与结束工作时间占3%，不可避免中断时间占2%，休息时间占16%，人工幅度差系数为10%，超距离运砖每千块需耗时2.5 h。

(2)砖墙采用预拌干混砌筑砂浆DM M10.0，梁头、板头和窗台虎头砖占墙体积的百分比0.52%、2.29%、1.13%，砖和砂浆的损耗率为1%，完成1 m³砌体需消耗水0.8 m³，其他材料占上述材料费的2%。

(3)砂浆采用200 L搅拌机现场搅拌，运料需时200 s，装料50 s，搅拌80 s，卸料30 s，不可避免中断10 s，机械利用系数0.8，幅度差系数为15%。

(4)人工工日单价为70元/工日，预拌干混砌筑砂浆DM M10.0单价为145元/m³，标准砖单价232元/千块，水为3.4元/m³，干混砂浆罐式搅拌机200 L台班单价129元/台班。

根据上述资料计算确定砌筑1 m³混水砖墙的预算定额消耗量指标和定额基价，并填写表2-11。

表2-11　砖墙砌筑预算定额项目表

工作内容：①砖墙：调、运、铺砂浆、运砖。

②砖砌：窗台虎头砖、腰线、门窗套，安放木砖、铁件等。　　　　　　　　m³

定额编号				A4-11
项目				砖墙墙厚
				1砖半
名称		单位	单价	数量
基价		元		
其中	人工费	元		
	材料费	元		
	机械费	元		
综合人工				
材料	标准砖 240 mm×115 mm×53 mm			
	预拌干混砌筑砂浆 DM M10.0			
	水			
	其他材料费			
机械	干混砂浆罐式搅拌机 200 L			

任务三　建筑安装工程人工、材料、机械台班单价的确定

根据湘建价[2020]56号文，人工单价由计时工资或计件工资、奖金、津贴补贴、加班加点工资、特殊情况下支付的工资、五险一金组成。材料价格是指施工过程中耗费的构成工程实体的的原材料、辅助材料、构配件、零件、半成品或成品、工程设备的费用的总和。内容包括：材料原价、运杂费、运输损耗费、采购及保管费等。机械台班单价由台班折旧费、台班大修费、台班经常修理费、台班安拆费及场外运费、台班人工费、台班燃料动力费、台班车船税费构成。

【知识目标】

(1)掌握建安工程人工单价的构成；

(2)了解建安工程材料价格的定义、构成及材料价格变动的因素；

(3)了解建安工程机械台班单价构成及影响机械台班单价的因素；

(4)掌握材料价格的确定方法；

(5)掌握机械台班单价的确定方法。

【技能目标】

(1)具有建安工程材料价格的应用能力；

(2)具有建安工程机械台班单价的应用能力。

【素质目标】

(1)具有良好的职业道德和诚信品质；

(2)具有较强的责任感和踏实的工作作风；

(3)具有一定的人事、财会知识和一定的计算能力；

(4)具有创新能力、团队协精神。

3.1　人工单价的构成和确定

人工单价是指一个建安工人在一个工作日的时间内在预算中应计入的全部人工费用。

一、人工单价的构成

人工单价基本上反映了建安工人的工资水平和一个工人在一个工作日中可以得到的报酬。根据建标[2013]44号文，其构成如下：

人工单价的构成和
确定-导学

人工单价的组成
与确定

(一)计时工资或计件工资

计时工资或计件工资是指按计时工资标准和工作时间或对已做工作按计件单价支付给个人的劳动报酬。计时工资可分为：周工资制、日工资制和小时工资制。计件工资有直接无限计件工资制、有限计件工资制、累进计件工资制、超额计件工资制等多种。

(二)奖金

奖金是指对超额劳动和增收节支支付给个人的劳动报酬。如节约奖、劳动竞赛奖等。

(三)津贴补贴

津贴补贴是指为了补偿职工特殊或额外的劳动消耗和因其他特殊原因支付给个人的津贴，以及为了保证职工工资水平不受物价影响支付给个人的物价补贴。如流动施工津贴、特殊地区施工津贴、高温(寒)作业临时津贴、高空津贴等。津贴补贴是与工人个体无关，主要与项目的特性有关，所有项目上人员都能发放。

(四)加班加点工资

加班加点工资是指按规定支付的在法定节假日工作的加班工资和在法定日工作时间外延时工作的加点工资。

(五)特殊情况下支付的工资

特殊情况下支付的工资，是指根据国家法律、法规和政策规定，因病、工伤、产假、计划生育假、婚丧假、事假、探亲假、定期休假、停工学习、执行国家或社会义务等原因按计时工资标准或计时工资标准的一定比例支付的工资。特殊情况下支付的工资与个人有关系，个体可原谅原因。

湘建价〔2020〕56号文将"五险一金"纳入人工费，五险一金是指按规定支付的养老保险、失业保险、医疗保险、生育保险、工伤保险费和住房公积金。其中养老保险、医疗保险和失业保险，住房公积金，是由企业和个人共同缴纳的保费，工伤保险和生育保险完全是由企业承担的，个人不需要缴纳。

养老保险，全称社会基本养老保险，是国家和社会根据一定的法律和法规，为解决劳动者在达到国家规定的解除劳动义务的劳动年龄界限，或因年老丧失劳动能力退出劳动岗位后的基本生活而建立的一种社会保险制度。

失业保险是指国家通过立法强制实行的，由用人单位、职工个人缴费及国家财政补贴等渠道筹集资金建立失业保险基金，对因失业而暂时中断生活来源的劳动者提供物质帮助以保障其基本生活，并通过专业训练、职业介绍等手段为其再就业创造条件的制度。

医疗保险一般指基本医疗保险，是为了补偿劳动者因疾病风险造成的经济损失而建立的一项社会保险制度。通过用人单位与个人缴费，建立医疗保险基金，参保人员患病就诊发生医疗费用后，由医疗保险机构对其给予一定的经济补偿。

生育保险(maternity insurance)，是国家通过立法，在怀孕和分娩的妇女劳动者暂时中断劳动时，由国家和社会提供医疗服务、生育津贴和产假的一种社会保险制度，国家或社会对生育的职工给予必要的经济补偿和医疗保健的社会保险制度。

工伤保险，是指劳动者在工作中或在规定的特殊情况下，遭受意外伤害或患职业病导致暂时或永久丧失劳动能力以及死亡时,劳动者或其遗属从国家和社会获得物质帮助的一种社会保险制度。

住房公积金,是指国家机关和事业单位、国有企业、城镇集体企业、外商投资企业、城镇私营企业及其他城镇企业和事业单位、民办非企业单位、社会团体及其在职职工,对等缴存的长期住房储蓄。

二、人工单价的确定

根据建标[2013]44号文,人工单价的确定方法如下:

方法一:日工资单价

日工资单价

$$= \frac{生产工人平均月工资(计时、计件) + 平均月(奖金+津贴补贴+特殊情况下支付的工资)}{年平均每月法定工作日}$$

此公式主要适用于施工企业投标报价时自主确定人工费,也是工程造价管理机构编制计价定额确定定额人工单价或发布人工成本信息的参考依据。

方法二:日工资单价

日工资单价是指施工企业平均技术熟练程度的生产工人在每工作日(国家法定工作日内)按规定从事施工作业应得的日工资总额。

工程造价管理机构确定日工资单价应通过市场调查,根据工程项目的技术要求,参考实物工程量人工单价综合分析确定。最低日工资单价不得低于工程所在地人力资源和社会保障部门发布的最低工资标准的,普工1.3倍,一般技工2倍,高级技工3倍。

施工企业投标报价时也可按以下方法确定人工单价:①根据劳务市场行情确定人工单价;②根据以往承包工程的情况确定;③根据预算定额规定的工日单价确定。

三、影响人工单价的因素

影响人工单价的因素:生活消费指数、社会平均工资水平、人工单价的构成内容、劳动力供需关系、政府推行的社会保障和福利政策等。

(一)生活消费指数(CPI)

CPI是居民消费价格指数(consumer price index)的英文缩写,是反映与居民生活有关的产品及服务价格调查统计出来的物价变动指标,通常作为观察通货膨胀水平的重要指标。如果CPI指数升幅过大,表明通货膨胀成为经济不稳定因素。一般定义超过3%为通货膨胀,超过5%就是比较严重的通货膨胀。

(二)社会平均工资水平

社会平均工资(简称社平工资、社平),通常指某一地区或国家一定时期内(通常为一年)全部职工工资总额除以这一时期内职工人数后所得的平均工资,通过该时期该范围全体职工的工资总额与职工平均人数之比而得到。社会平均工资可以反映出职工的工资水平和生活水平,在计算报酬、计算赔偿额等提供一些参考。通常分为年平均工资,月平均工资。(现在统计局已经不再有职工平均工资统计项目,而以在岗职工平均工资取代)。

(三) 人工单价的构成内容

人工单价是指一个建安工人一个工作日中应计入的全部人工费用。主要包括：计时或计件工资；津贴、补贴(如流动施工津贴、特殊地区施工津贴、高温(寒)作业临时津贴等)；奖金(节约奖、劳动竞赛奖等)；特殊情况下支付的工资(病、工伤、产假、计划生育假、婚丧假、事假、探亲假、定期休假、停工学习、执行国家或社会义务等期间的工资)；五险一金(社会保障和福利政策)等。

(四) 劳动力供需关系

劳动力供需关系是矛质的统一体，供大于求时必然出现劳动力过剩。劳动力供给在一个国家一定的历史条件下呈刚性，而劳动力需求则受社会综合因素的制约而呈弹性。中国劳动力的供需始终保持不平衡的态势，这种不平衡表现在我国20世纪末面临巨大"民工潮"的冲击，而近年来许多地区和行业却出现"民工荒"。因此，分析我国劳动力供需变化的趋势和原因，制定有效的政策措施，对于发挥现阶段劳动力资源的比较优势，提高劳动力资源的利用效率，促进经济快速发展具有重要的现实意义。

(五) 政府推行的社会保障和福利政策

社会保险是国家通过立法的形式，由社会集中建立基金，以使劳动者在年老、患病、工伤、失业、生育等丧失劳动能力的情况下能够获得国家和社会补偿和帮助的一种社会保障制度。目前我国的社会保险主要包括养老保险、医疗保险、失业保险、工伤保险、生育保险，是通过国家、企业和个人共同承担的。缴纳社会保险后，劳动者在发生医疗、工伤、生育时有相应的社会保险支付相关费用；在失业、退休或丧失劳动能力后基本生活也将有保障，即"老有所养、病有所医、伤有所偿、失业有救济"。这些政府推行的社会保障和福利政策对人工单价的变动也会产生相应的影响。

3.2 材料价格的构成和确定

材料价格的构成和确定-导学

一、概述

(一) 材料价格的定义

材料的价格是指材料(包括构件、成品及半成品等)从其来源地(或交货地点)到达施工工地仓库后的出库价格。

材料单价的组成与确定

(二) 材料价格的分类

材料价格按适用范围划分，有地区材料价格和某项工程使用的材料价格。

二、材料价格的构成

材料价格是指施工过程中耗费的构成工程实体的的原材料、辅助材料、构配件、零件、半成品或成品、工程设备的费用的总和。内容包括：材料原价、运杂费、运输损耗费、采购及保管费等。

三、材料价格的确定

材料价格=（材料原价+运杂费+运输损耗费）×（1+采购及保管的费率）

（一）材料取定价的构成

1. 材料原价的确定

材料原价是指材料的出厂价格，进口材料抵岸价或销售部门的批发牌价和零售价。

$$加权平均原价 = \frac{K_1C_1 + K_2C_2 + \cdots + K_nC_n}{K_1 + K_2 + \cdots + K_n}$$

式中：K_1，K_2，$\cdots$，K_n——各不同供应地点的供应量或各不同使用地点的需要量；

C_1，C_2，$\cdots$，C_n——各不同供应地点的原价。

【例2-19】 某建筑工程需要HRB400螺纹钢，由三家钢厂供应：A厂供应700 t，出厂价4100元/t；B厂供应1500 t，出厂价400元/t；C厂供应800 t，出厂价4050元/t；试确定本工程HRB400螺纹钢的原价。

【解】 $W_总 = \sum$ 各原料地供应数量 $= 700 + 1500 + 800 = 3000(t)$

（1）数量比例法

加权平均原价 $= \sum$（各原料地原料价格 × 各来源地数量百分比）

$N_A = W_A/W_总 = 700/3000 = 23.3\%$

$N_B = W_B/W_总 = 1500/3000 = 50\%$

$N_C = W_C/W_总 = 800/3000 = 26.7\%$

HRB400 螺纹钢原价 $= 4100 × 23.3\% + 4000 × 50\% + 4050 × 26.7\% = 4036.65(元/t)$

（2）总金额法

$$加权平均原价 = \frac{\sum（各原料地原料价格 × 相应单价）}{\sum 各原料地数量}$$

$$加权平均原价 = \frac{700×4100+1500×4000+800×4050}{3000} = 4036.67(元/t)$$

【例2-20】 某工程采用袋装水泥，由A、B两家水泥厂直接供应，A水泥厂供应量为6000 t，出厂价380元/t，汽车运距35 km，运价1.8元/(t·km)，装卸费10元/t；B水泥厂供应量为8000 t，出厂价360元/t，汽车运距50 km，运价1.8元/(t·km)，装卸费8元/t。运输损耗率2.5%，采购保管费3%。试确定该工程水泥价格。

【解】 根据公式材料价格=（供应价+运杂费+运输损耗费）（1+采购及保管费率）

（1）平均供应价 $=(6000×380+8000×360)÷14000=368.57(元/t)$

（2）平均运距 $=(6000×35+8000×50)÷14000=43.57(元/t)$

水泥运输费 $=43.57×1.8元=78.43(元/t)$

（3）平均装卸率 $=(6000×10+8000×8)÷14000=8.58(元/t)$

（4）运输损耗费 $=(368.57+78.43+8.58)×2.5\%=11.39(元/t)$

（5）水泥价格 $=(368.57+78.43+8.58+11.39)(1+3\%)=480.98(元/t)$

2. 材料运杂费的确定

材料运杂费是指材料由采购地点或发货点至施工现场的仓库或工地存放地点，含外埠中转运输过程中所发生的一切费用和过境过桥费用，包括调车和驳船费、装卸费、运输费及附加工作费等。

$$加权平均运杂费 = \frac{K_1 T_1 + K_2 T_2 + \cdots + K_n T_n}{K_1 + K_2 + \cdots + K_n}$$

式中：K_1，K_2，$\cdots$，K_n——各不同供应点的供应量或各不同使用地点的需求量；

T_1，T_2，$\cdots$，T_n——各不同运距的运杂费。

【例 2-21】 某工地需要某种规格品种的大理石块材，A 地供货 1000 m²，运杂费 15.0 元/m²；B 地供货 400 m²，运杂费 6.0 元/m²；C 地供货 600 m²，运杂费 9.0 元/m²。求加权平均运价。

【解】 采用总金额法

地砖加权平均运杂费 =（1000×15+400×6+600×9）/（1000+400+600）

                  =11.4（元/m²）

3. 材料运输损耗费的确定

运输损耗费是指材料在运输装卸过程中不可避免的损耗。材料在运输过程中，会由于各种原因产生一些损耗，如磨损、物理碰撞损伤、易挥发物料的挥发、液体物料的泄露等，针对不同的物料，国家或行业标准中都规定了不同运输方式下的损耗率。对于在损耗率范围内造成的损伤，运输服务机构不承担责任，而是由材料所有者或运输的请求方来承担；而对于损耗率范围外的多余损失，则由运输服务机构来承担。一般的处理方式是把那部分视为运输服务机构自己来购买，从运费中扣除相应的金额。

材料运输损耗费 =（材料原价+运杂费）×相应材料运输损耗率

4. 采购及保管费的确定

采购及保管费是指材料供应部门（包括工地仓库及其以上各级材料主管部门）在组织采购、供应和保管材料过程中所需的各项费用。包括：采购及保管部门人员工资和管理费、工地材料仓库的保管费、货物过秤费及材料在运输和储存中的损耗费用等。

采购及保管费 = 材料运到工地仓库价格×采购及保管费率

                  =（材料原价+运杂费+运输损耗费）×采购及保管费率

（1）建筑安装工程及市政工程材料均为 1.8%，其中采购费 0.6%，保管费 1.2%。

（2）装饰工程材料占 1.2%，其中采购和保管费各 50%。

（3）各种设备占 1%，其中采购和保管费各 50%。

（二）增值税条件下材料价格的确定

1. 营改增材料价格调整的一般原则

材料发票提供形式包括"一票制"和"两票制"。

"一票制"是指企业在购买材料时，材料供应商就收取的材料销售价款和运杂费的合计金额向建筑企业提供一张货物销售发票的形式。

"两票制"是指企业在购买材料时，材料供应商将材料销售价款和运杂费分别单独开具发票的形式。

2. 材料价格调整的基本方法

序号	材料单价构成	扣减进项税额方法
一	两票制材料	材料原价、运杂费及运输损耗费按以下方法分别扣减
1.1	材料原价	以购进货物适用的税率或征收率扣减
1.2	运杂费	以交通运输服务税率扣减
1.3	运输损耗费	运输过程所发生损耗增加费,以运输损耗率计算,随材料原价和运杂费扣减而扣减
二	一票制材料	材料原价、运杂费及运输损耗费按以下方法分别扣减
2.1	材料原价+运杂费	以购进货物适用的税率或征收率扣减
2.2	运输损耗费	运输过程所发生损耗增加费,以运输损耗率计算,随材料原价和运杂费扣减而扣减
三	采购及保管费	一般不包含进项税额,费用水平(发生额)也不会因为营改增而发生改变,但由于受采购及保管费的计算基础(材料原价、运杂费、运输损耗费)受扣减的影响,采购及保管费率应增加

3. 营改增后材料预算价格的发布方式

营改增后材料预算价格的发布调整为两部分:含进项税预算价格(简称含税价格)和不含进项税预算价格(简称不含税价格)。

(1)含税价格:是指由区市造价管理机构发布的,由材料来源地运至施工现场存放点所发生的全部费用,包括含税材料供应价、含税运杂费和含税采购及保管费。

(2)不含税价格:是指在增值税下不含进项税额的价格,包括不含税材料供应价、不含税运杂费和不含税采购及保管费。

4. 营改增后材料预算价格确定

(1)确定材料的不含税材料供应价

不含税材料供应价=含税材料供应价/(1+增值税税率)

(2)确定材料的不含税运杂费

钢筋、水泥、砂石料、粘土砖均按"两票制"计算,运杂费按交通运输业增值税税率11%计算。其余材料的运杂费均按"一票制"考虑。

"两票制"材料:不含税运杂费=含税运杂费/(1+11%)

"一票制"材料:不含税运杂费=含税运杂费/(1+增值税税率)

(3)确定材料的不含税运输损耗费

不含税运输损耗费=(不含税材料供应价+不含税运杂费)×材料的运输损耗费率

(4)确定不含税采购及保管费

不含税采购及保管费=(不含税材料供应价+不含税运杂费+不含税运输损耗费率)

(5)材料不含税预算价

不含税预算价=不含税供应价+不含税运杂费+不含税运输损耗费+不含税采购及保管费

5. 确定材料的除税价

材料的除税价=材料的含税价/(1+除税税率)

(三) 进口材料价格的确定

若要使用进口材料时，应依据其到岸完税后的外汇牌价折算成人民币价格，另加运至本地的运杂费、市内运杂费和2.5%的采购及保管费组成材料原价。进口材料价格的计算公式为：

$$M = A + B$$
$$N = (M + C) \times 1.025$$

式中：M——进口材料供应价；

　　　N——进口材料预算价；

　　　A——进口材料到岸完税后的外汇价折成人民币价格；

　　　B——实际发生的外埠运杂费；

　　　C——实际发生的市内运杂费。

四、材料价格变动的因素

(一) 市场供需变化

材料原价是材料价格中最基本的组成，价格随供需关系上下波动，但价格与供需是互动关系，材料的供需对市场价格的影响很大，它对价格的影响取决于市场的竞争程度。竞争越激烈，供需对市场价格的影响越大。市场竞争通过供需变化对市场价格的影响因素是多方面的，如提高产品质量，改进产品款式，改变包装、装潢，扩大广告宣传等都会影响商品供需，从而影响材料价格。

(二) 材料生产成本的变动

材料生产成本是指产品在生产过程中发生的成本，按其属性一般可分为直接材料、直接人工和制造费用这三个项目。其中构成产品主要实体或与产品主要实体相结合的材料称为直接材料；为直接加工制造产品而耗费的人工费用称为直接人工；那些在生产过程中发生的、不能直接归入上述二项的所有其他费用支出，统称为制造费用。显然，材料生产成本的变动必然会影响材料价格。

(三) 流通环节的多少和材料供应体制

1. 流通环节

材料从厂家来到建筑企业，必然要经过流通环节，材料的流通过程是由先后有序的若干次买卖所组成的系列，它必须借助于这些买卖，才能伴随所有权的转移，最后转卖到消费者手中。所以，流通环节是形成商品流通过程的基本要素。但单个流通环节不能形成商品流通过程，必须有多个环节并且有机地联系在一起。商品流通环节的多少，对于合理地、经济地组织商品流通十分重要。如果过少，就会造成流通的困难和流通过程的耗费增大；如果过多，则会造成商品在流通领域迂回转卖，延长流通时间，增加流通费用，加重消费者负担。要有计划地、合理地、经济地组织商品流通，就必须通过必要的流通环节，同时减少不合理、不必要的中间环节。

2. 材料供应体制

建筑业的特点是生产周期长，物资材料消耗量大，建筑材料占整个工程造价的60%～

70%。它数量大，品种多。而材料供应机构，是建筑生产经营全过程中不可缺少的重要环节，从历史看，从建筑产品商品化的发展要求看，材料供应是应该为工程承包单位服务的。

长期以来，施工单位不掌握建材，只是单纯提供劳务的集团。所以建筑企业就难以有足够的生产经营自主权，直接影响施工效益。另外，建筑业所需材料缺乏全面系统的计划管理，在客观上助长了建设规模的盲目性，致使物资供求关系失去平衡，也是造成基建项目失控的原因之一。传统的建筑材料供应体制已成为我国建筑业迅速发展的一个重要制约因素。因此，必须建立起高效材料供应体制，以适应日益生产的需要。

(四)材料运输距离和运输方法的改变

1.运输距离

材料输送从起点到终点的间隔。运输距离一般用公里、海里或米表示。运输距离与运输费用有密切关系。一般说，运输距离愈长运输费用愈大，运输费用随运输距离增长。因此，投资项目运输设计应尽量避免倒流、迂回路线，确保运输路线合理，降低运输费用。但运输费用与运输距离不是正比例关系。

2.运输方法

运输方法主要有：人力和畜力、铁路运输、公路运输、水路运输、管道运输、航空运输等六种，它们的性质、技术经济特点和运用范围也不相同。

如人力和畜力运输是一种古老的运输方法，它较为灵活，但载运量较小，运行速度慢，适于短途运输；

铁路运输载运量大，连续性强，行驶速度较高，运费较低，一般不受气候、地形等自然条件的影响，适合于中长途客货运输；

公路运输虽载运量较小，运输成本较高，但机动灵活性较大，连续性较强，适合于中、短途运输；

水运(包括内河和海上运输)具有载运量大、运输成本低、投资省、运行速度较慢、灵活性和连续性较差等特点，适于大宗、低值和多种散装货物的运输；

航空运输具有速度快、投资少、不受地方地形条件限制、能进行长距离运输等优点，也存在载运量小、运输成本高、易受气候条件影响等缺点，适合于远程客运及高档、外贸货物与急需货物的运输；

管道运输具有运量大、运输成本低、灵活性较差等特点，适合于输送量大、货源比较稳定的原油、成品油、天然气和其他液态、气态物资。

(五)国际市场行情变化

在建安材料中有不少是进口材料，它们质量高、外观美，很受高档建筑的需要，但是这些材料都需要进口，它们的价格会受国际市场行情变化的影响。因为它涉及的因素很多，如贸易主体为不同国籍，资信调查较困难；因涉及进出口，易受双边关系、国家政策的影响；交易金额往往较大，运输距离较远，履行时间较长；除交易双方外，还涉及到运输、保险、银行、商检、海关等部门。由此可见风险较大，价格也很难稳定。

3.3 机械台班单价的组成和确定方法

机械台班单价的组成和确定方法-导学

施工机械台班单价的组成与确定

一、概述

(一)机械台班单价的定义

在建筑施工中,施工机械的单价是以"台班"为计量单位的,机械工作 8 小时称为一个"台班"。机械台班单价是指一台施工机械,在正常运转条件下一个工作班中所发生的全部费用。

(二)机械台班单价的构成

主要分两大类:不变费用和可变费用。

1. 不变费用

这类费用不因施工地点和条件不同而发生变化,其费用大小与施工机械工作年限直接相关,是一种比较固定的经常性费用,应按全年的费用分摊到每一台班中去。主要包括:机械折旧费、机械检修费、机械维护费、机械安拆及场外运输费。

2. 可变费用

这类费用是机械在施工中发生的费用,它常因施工地点和施工条件的变化而变化。是以每台班实物消耗指标的形式表示的,即机械开动或运转时才会发生的费用,在使用时随工程所在地的人工、动力燃料、养路费及车船使用税的标准不同而不同,它的大小与机械工作年限直接有关,主要包括:机上人工费、燃料动力费、养路费及车船使用税。

二、机械台班单价的确定

(一)机械折旧费的确定

施工机械属于固定资产范筹,在明细账上固定资产科目上记录着总价值,设备在使用中会产生磨损,这部份磨损掉的价值就是折旧费。即是指施工机械在规定使用期限内,每个台班所摊的机械原值及支付贷款利息的费用。税务规定的固定资产计算折旧的最低年限中,飞机、火车、轮船、机器、机械和其他生产设备为 10 年,所以你要按十年的时间按月提计折旧费,就是累计折旧。

台班折旧费=[机械预算价×(1-残值率)×贷款利息系数]/耐用总台班

1. 机械预算价

机械预算价格按机械出厂(或到岸完税)价格,及机械以交货地点或口岸运至使用单位机械管理部门的全部运杂费计算。

2. 残值率

它是指机械报废时回收的残值占机械原值(机械预算价格)的比率。残值率按有关文件规定:运输机械为 3%,特大型机械为 3%,中小型机械为 4%,掘进机械为 5%执行。

3. 贷款利息系数

$$贷款利息系数 = 1 + \frac{(N+1)i}{2}$$

式中：N——国家有关文件规定的此类机械折旧年限；

　　　i——当年银行贷款利率。

4. 耐用总台班

指机械在正常施工作业条件下，从投入使用直到报废止，按规定应达到的使用总台班数。

机械耐用总台班即机械使用寿命，一般可分为机械技术使用寿命、经济使用寿命。

机械经济使用寿命指从最佳经济效益的角度出发，机械使用投入费用(包括燃料动力费、润滑擦拭材料费、保养、修理费用等)最低时的使用期限。

$$耐用总台班 = 折旧年限 \times 年工作台班$$
$$= 大修间隔台班 \times 大修周期$$
$$= 大修间隔台班 \times (寿命期内大修理次数 + 1)$$

式中：大修间隔台班——机械自投入使用从第一次大修投入使用至下一次大修止，应达到的使用台班数；

　　　大修周期——寿命期大修理次数+1。

(二)机械检修费的确定

机械检修费是指机械设备按规定的大修间隔台班必须进行大修理，以恢复机械正常功能所需的费用。

(1)一次大修理费。按机械设备规定的大修理范围和工作内容，进行一次全面修理所需消耗的工时、配件、辅助材料、油燃料以及送修运输等全部费用计算。

(2)寿命期大修理次数。为恢复原机功能按规定在寿命期内需要进行的大修理次数。

【例2-22】　已知某施工机械耐用总台班为6000台班，大修间隔台班为400台班，一次大修理费为10000元，试计算台班检修费。

【解】　寿命周期大修次数=耐用总台班/大修间隔台班-1=6000/400-1=14次

施工机械台班检修费=寿命周期费用/寿命周期耐用总台班

　　　　　　　　=(一次大修理费×寿命周期大修次数)/寿命周期耐用总台班

　　　　　　　　=10000×14/6000

　　　　　　　　=23.33(元/台班)

(三)机械维护费用的确定

机械维护费用指施工机械除大修理以外的各级保养和临时故障排除所需要的费用，包括为保障机械正常运转所需替换设备与随机配备工具附具的摊销和维护费用，机械正常运转中日常保养所需润滑与擦拭的材料费用及机械停滞期间的维护和保养费用等。分摊到台班费中，即为台班维护费。

台班维护费的计算公式为：台班维护费=台班检修费×维护费系数(K)

典型机械按照确定维护范围、内容等测算的办法确定；

其余机械则采用典型机械测算的台班维护费与台班检修费的比值(率)办法推算。

(四)机械安拆费及场外运输费的确定

1. 安拆费的确定

安拆费是指机械在施工现场进行安装、拆卸所需人工、材料、机械和试运转费用，包括

机械辅助设施(如:基础、底座、固定锚桩、行走轨道、枕木等)的折旧、搭设、拆除等费用。其计算公式为:

$$机械安拆费=(机械一次安拆费×年平均安拆次数)/年工作台班+台班辅助设施费$$

式中:台班辅助设施费$=\sum$[一次使用量×相应单价×(1-残值率)]/年工作台班

2. 机械场外运输费的确定

场外运输费是指机械整体或分体自停置地点运至现场或某一工地运至另一工地的运输、装卸、辅助材料以及架线等费用。其计算公式为:

$$机械台班场外运输费=(一次运输及装卸费+辅助材料一次摊销费+一次架线费)×年平均场外运输次数/年工作台班$$

注意:大型机械的安拆费及场外运输费应另行计算。

(五)燃料动力费的确定

燃料动力费是指机械在运转或施工作业中所耗用的固体燃料(煤炭、木材)、液体燃料(汽油、柴油)、电力、水和风力等费用。

$$台班燃料动力消耗量=(实测数×4+定额平均水平+调查平均值)/6$$

$$台班燃料动力费=台班燃料动力消耗量×相应单价$$

(六)人工费的确定

人工费指机上司机或副司机、司炉的基本工资和其他工资性津贴。

台班人工费=定额机上人工工日×日工资单价

定额机上人工工日=机上定员工日×(1+增加工日系数)

增加工日系数=(年日历天数-规定节假公休日-辅助工资中年非工作日-机械年工作台班)÷机械年工作台班,增加工日系数取定0.25。

(七)养路费及车船使用税的确定

养路费及车船使用税是指施工机械按照国家和有关部门规定应缴纳的养路费、车船使用税、保险费及年检费等。按各省、自治区、直辖市规定标准计算后列入定额。

养路费及车船使用税=载重量(或核定自重吨位)×[养路费标准元/吨·月×12+车船使用税标准元/吨·年]÷年工作台班

【例2-23】 计算某地自卸汽车的台班使用费。已知如下:机械价格250000元/台,使用总台班为3150台班,大修间隔台班为625台班,年工作台班为250台班,一次大修理费为26000元,维护费系数$K=1.52$,替换设备、工附具费及润滑材料损耗为45.6 kg/台班,机上人工消耗2.5工日/台班,人工单价为28.5元/工日,柴油预算价格3.5元/kg,养路费95.8元/台班。

【解】 不变费用计算:

(1)机械折旧费=250000×(1-6%)÷3150=74.6(元/台班)

(2)台班大修理次数=(3150÷625)-1=5-1=4(次)

台班检修费=(26000×4)÷3150=33.02(元/台班)

(3)维护费=33.02×1.52=50.19(元/台班)

不变费用小计:157.81元/台班

可变费用计算：

（4）机上人工费=2.5×28.5=71.25（元/台班）

（5）台班柴油费=45.6×3.5=159.6（元/台班）

（6）台班养路费=95.8（元/台班）

可变费用小计：326.65 元/台班

台班使用费=157.81+326.65=484.46（元/台班）

三、影响机械台班单价的因素

（一）施工机械的价格

施工机械价格影响折旧费，从而也是影响机械台班单价的重要因素。从机械台班折旧费公式可知施工机械的价格直接影响折旧费，它们之间成正比例关系。

（二）机械使用年限

机械使用年限不仅影响折旧费，也影响机械的大修理费和经常修理费。有效使用寿命是以机械为主体，由机械及其零部件的磨损规律、技术性能、结构、质量、使用价值等机械本身的因素所决定的使用年限。

为了延长施工机械的寿命，在使用方面应该坚持实行"二定三包"制度（定人、定机、包使用、包保管、包保养），机械操作人员要做到"三懂"（懂构造、懂原理、懂性能），"四会"（会使用、会保养、会检查、会排除故障），正确使用机械，严格执行安全技术操作规程，并对机械设备实行目标成本管理，将操作者经济收入与机械使用费（如燃料电力费，维修费，保养费，工具费等）挂钩，并加强对机管人员的职业道德教育与培训。

（三）机械的使用效率、管理和维护水平

要使机械达到最高效率，就要发挥机械所具备的功能和性能。反过来，如能消除或降低阻碍效率的损耗，就可以提高机械的效率。而施工企业管理水平的高低，将直接体现在施工机械的使用效率、机械完好率和维护水平上，会对机械台班单价产生直接影响。

（四）国家和地方政府征收税费的规定

税费是指税收和费用税收，税收是国家为满足社会公共需要，依据其社会职能，按照法律规定，强制地、无偿地参与社会产品分配的一种形式。税费是指国家机关向有关当事人提供某种特定劳务或服务，按规定收取的一种费用。而有些税费，如燃料税、车船使用税、养路费等将对机械台班单价产生较大影响，并会引起相应波动。

【思政港湾】

三峡库区边建法建厂
四川一化工厂被判"死刑"

【基础知识练习】

一、单选题(以下各题有且只有一个正确答案)

1.(　　)是指一定技术等级的建安工人一个工作日在计价时应计入的全部人工费用。

A.人工单价

B.基本工资

C.基本工资加补贴工资

D.基本工资加福利费

2.(　　)是指材料(含构件、成品、半成品)从其来源地(或交货地点)到达施工现场工地仓库后的综合平均价格。

　　A.材料出厂价　　　　　　　　　　B.材料批发价

　　C.材料市场价　　　　　　　　　　D.材料价格

3.(　　)是指一个施工机械在正常运转条件下一个台班中所支出和分摊的各种费用之和。

A.(机械供应价+场外运输费)/总台班

B.(机上人工费+燃料费+折旧费)/总台班

C.施工机械台班单价

D.机械供应价/总台班

二、多选题(以下各题有两个及两个以上正确答案)

1.人工单价组成的内容有(　　　　　)。

　　A.计时或计件工资　　　　　　　　B.奖金

　　C.加班加点的工资　　　　　　　　D.津贴、补贴

　　E.五险一金

2.影响人工单价的因素是(　　　　)。

　　A.社会平均工资水平　　　　　　　B.生活消费指数

　　C.人工单价的组成内容　　　　　　D.劳动力市场供需变化

　　E.政府推行的社会保障和福利政策

3.影响材料价格的变动因素有(　　　)。

　　A.市场供求变化　　　　　　　　　B.材料生产成本变化

　　C.流通环节及材料供应体制　　　　D.运输距离和运输方法

　　E.国际市场行情

4.机械台班单价不变费用由(　　　)组成。

　　A.机上人工费　　　　　　　　　　B.机械折旧费

　　C.机械检修费　　　　　　　　　　D.机械维护费

　　E.机械安拆费及场外运输费

5.机械台班单价可变费用由(　　　　)组成。

A. 机械维护费　　　　　　　　　B. 机上人工费

C. 燃料动力费　　　　　　　　　D. 养路费及车船使用费

6. 影响机械台班单价的因素有(　　　)。

A. 施工机械的本身价格　　　　　B. 机械的使用寿命

C. 机械的使用效率　　　　　　　D. 管理水平

E. 国家政府的税政策及规定

【基本技能训练】

1. 某施工机械预计使用 10 年，耐用总台班数为 3000 台班，使用期内有 4 个大修周期，一次大修理费为 5000 元，试求该机械台班大修理费。

2. 某工程购置袋装水泥 200 t，供应价为 300 元/t，运杂费为 30 元/t，运输损耗费为 2.5%，采购及保管费为 3%，求该水泥的价格。

3. 已知某施工机械价格为 10 万元，使用寿命为 8 年，银行年贷款利率为 7%，残值率为 2%，机械耐用台班数为 2000 台班，试求该机械台班折旧费。

4. 某施工机械年工作台班为 400 台班，年平均安拆 0.85 次，机械一次安拆费为 20000 元，台班辅助设施费为 150 元，试求该施工机械的台班安拆费。

5. 某工程需要采购特种钢材 60 t，出厂价为 6000 元/t，材料运杂费为 60 元/t，运输损耗率为 5%，采购及保管费率为 1%，试求该特种钢材的价格。

6. 已知钢板厚度 6 mm，供应价 3100 元/t，市内运输损耗率为 3%，采购及保管费率为 2.5%，求钢板的价格。

7. 某建筑工地需用 42.5 硅酸盐水泥，由 A、B、C 三个生产厂供应，A 厂 400 t，单价 330 元/t，B 厂 400 t，单价 320 元/t，C 厂 200 t，单价 340 元/t，求加权平均原价。

8. 某工地需用 32.5 硅酸盐水泥，由 A、B、C 三个生产厂供应，A 厂 500 t，出厂价 280 元/t，运杂费 20 元/t，B 厂 300 t，出厂价 282 元/t，运杂费 18 元/t；C 厂 200 t，出厂价 276 元/t，运杂费 22 元/t。材料运输损耗率 1.5%，采购保管费率 2.5%，试计算材料价格。

9. 试计算某 5 t 载重汽车的台班单价。已知出厂价 8 万元/台，进货费率为 0.05，汽车残值率为 6%，大修理间隔台班 750，使用周期数 5，一次大修理费为 12000 元，维护费系数 $K=$ 2.64，不计贷款利息。经测算台班油耗为 31.32kg/台班，汽油预算价格为 1.8 元/kg，机上人工工日为 1.2 台班，日工资为 21 元，养路费及车船使用费为 46.49 台班/元。

10. 某施工机械预算价格为 30 万元，贷款利息为 10%，耐用总台班为 8000 台班。残值率为 3.5%，大修理间隔台班为 1300 台班，一次大修理需用修理费 6000 元。试求该机械的大修理费和台班折旧费。

11. 某工程楼地面使用的陶瓷地砖(200 mm×200 mm)购买数量及费用资料如表 2-13 所示，其运输损耗率为 2.0%，采购保管费费率 2.5%。

表 2-13 陶瓷地砖购买数量及费用资料

货源地	数量/块	买价/(元·块$^{-1}$)	运距/km	运输单价/[元·(km·m)$^{-2}$]	装卸费/(元·m^{-2})	备注
甲地	18200	2.5	210	0.02	1.2	火车运输
乙地	9800	2.4	65	0.04	1.5	汽车运输
丙地	10000	2.3	70	0.03	1.4	汽车运输
合计	38000					

该工程所用载重汽车(10 t 内)预算价格为 98800 元/台,银行贷款购置,年折现率 5%,残值率 2%,年工作台班为 160 台班,使用年限为 10 年,大修间隔台班为 480 台班,大修周期为 3,一次大修费 6400 元。

问题:

①根据以上资料计算该地区陶瓷地砖(200 mm×200 mm)的材料单价。

②某地面装饰工程,采用陶瓷地砖(200 mm×200 mm),结合层厚度为 25 mm,消耗量标准项目"水泥砂浆每增减 1 mm"单价为 120.92 元/100 m^2,根据《湖南省房屋建筑与装饰工程消耗量标准》(2020)以及问题①中计算出的陶瓷地砖(600 mm×600 mm)单价为基期单价的结合层厚 25 mm 陶瓷地面的消耗量标准基价。

③回答湖南省建筑安装工程施工机械台班单价包括哪些内容,并计算该工程所用载重汽车(10 t 内)的台班折旧费、台班检修费。

12. 根据以下资料,完成材料单价的计算。

某建设项目材料(适用 9%增值税率)由两个不同的供货单位供应,其采购量及相关费用如表 2-14,试确定该材料的价格。(计算结果保留两位小数,表中原价、运杂费均为含税价格,运杂费按交通运输业增值税税率 11%计算,且材料采用两票制支付方式。)

表 2-14

采购地点	采购数量/t	原价/(元·t^{-1})	运杂费/(元·t^{-1})	运输损耗率/%	采购及保管费率/%
A	400	245	22	0.5	3
B	350	255	20	0.6	3

任务四　企业定额的编制与应用

　　2020 年 7 月 24 日，住房和城乡建设部办公厅发布《关于印发工程造价改革工作方案的通知》(建办标〔2020〕38 号)，决定在全国房地产开发项目，以及北京市、浙江省、湖北省、广东省、广西壮族自治区有条件的国有资金投资的房屋建筑、市政公用工程项目进行工程造价改革试点。改革的总体思路是：以习近平新时代中国特色社会主义思想为指导，深入贯彻落实党中央、国务院关于推进建筑业高质量发展的决策部署，坚持市场在资源配置中起决定性作用，正确处理政府与市场的关系，通过改进工程计量和计价规则、完善工程计价依据发布机制、加强工程造价数据积累、强化建设单位造价管控责任、严格施工合同履约管理等措施，推行清单计量、市场询价、自主报价、竞争定价的工程计价方式，进一步完善工程造价市场形成机制。由此可以看出，在"十四五"新时代下，企业定额对企业在投标报价竞争将起到非常重要的作用。

【知识目标】

(1)了解企业定额的概念、性质和特点；

(2)了解企业定额的构成及表现形式、作用；

(3)掌握企业定额的编制原则与依据；

(4)掌握企业定额的编制内容、方法与步骤；

(5)了解企业定额的参考表式；

(6)掌握企业定额人工、材料、机械台班消耗量的确定方法。

【技能目标】

具有企业定额的应用能力。

【素质目标】

(1)具有良好的职业道德和诚信品质；

(2)具有较强的敬业精神和责任意识；

(3)具有较强的团队协作、沟通能力；

(4)具有较强的查找资料、使用资料能力。

4.1　企业定额概述

一、企业定额的概念

企业定额概述-导学

　　企业定额是指建筑安装企业根据本企业自身的技术水平和管理水平，所确定的完成单位合格产品所需人工、机械、材料消耗的数量和费用标准。企业定额反映了企业的施工水平、装备水平和管理水平，是考核建筑安装企业劳动生产率水平、管理水平的标尺和确定工程成本、投标报价的依据。

工程量清单计价方法实施的关键在于企业的自主报价，企业运用自己的企业定额资料确定工程量清单中的报价、人工消耗、材料消耗、机械种类和消耗、管理费用的构成等各项指标，才能表现自己企业施工和管理上的个性特点，在投标报价中增强竞争力。因此，企业定额体系的建立是推行工程量清单计价的重要工作。

企业定额概述

二、企业定额的性质及特点

(一)企业定额的性质

企业定额是建筑安装企业内部管理的定额，从性质上看，企业定额是施工定额的异称。

企业定额影响范围涉及企业内部管理的各个方面，包括企业生产经营活动的计划、组织、协调、控制和指挥等各个环节。企业定额应根据本企业的具体条件和可挖掘的潜力、市场的需求和竞争环境，根据国家有关政策、法律、规章制度，编制自己的定额，自行决定定额的水平，允许同类企业和同一地区之间的企业之间存在定额水平的差距。

(二)企业定额的特点

(1)定额中工、料、机消耗量要比社会的平均水平低，以体现其先进性；

(2)可以体现本企业在某些方面的技术优势和管理优势；

(3)可以体现本企业在定额执行期内的综合生产能力水平；

(4)所有匹配的单价都是动态的，具有市场性；

(5)与施工方案(施工组织设计)能全面接轨。

三、企业定额的构成与表现形式

企业定额的构成及表现形式因企业的性质不同、取得资料的详细程度不同、编制目的不同、编制方法不同而不同。其构成及表现形式主要有以下几种：

(1)企业人工定额；

(2)企业材料消耗定额；

(3)企业机械台班使用定额；

(4)企业施工定额；

(5)企业定额估价表；

(6)企业定额标准；

(7)企业产品出厂价格；

(8)企业机械台班租赁价格。

四、企业定额的作用

企业定额的作用是通过企业的内部管理和外部经营活动体现出来的。如何发挥企业定额在内部管理和外部经营活动中以最少的劳动与物质资源的消耗获得最大的效益，是施工企业在激烈的市场竞争中能否占领市场、掌握市场主动权的关键所在。

企业定额所规定的消耗量指标，是企业资源优化配置的反映，是本企业管理水平与人员素质和企业精神的体现。在以提高产品质量、缩短工期、降低产品成本和提高劳动生产率为核心的企业经营与管理中，强化企业定额的管理，实行有定额的劳动，永远是企业立于不败之地的重要保证。因此，在企业组织资源进行施工生产和经营管理时，企业定额应发挥的作用有以下几点：①企业定额是企业计划管理的依据；②企业定额是组织和指挥施工生产的有效工具；③企业定额有利于推广先进技术；④企业定额是计算劳动报酬、实行按劳分配的依据；⑤企业定额是施工企业进行工程投标、编制工程投标报价的基础和主要依据；⑥企业定额是编制施工预算，加强企业成本管理的基础；⑦企业定额是编制预算定额和补充单位估价表的基础。

4.2　企业定额编制

企业定额编制–导学

一、企业定额编制原则和依据

（一）企业定额编制原则

企业定额编制原则和依据

1. 实事求是的原则

企业定额应本着实事求是的原则，结合企业经营管理的特点，确定工、料、机各项消耗的数量，对影响造价较大的主要常用项目，应该考虑多种施工组织形式，从而使定额在运用上更贴近实际、技术上更先进、经济上更合理，使工程单价真实反映企业个别成本。

2. 平均先进原则

平均先进是就定额水平而言。定额水平，是指规定消耗在单位产品上的劳动、材料和机械数量的多少。也可以说，它是按照一定施工程序和在一定工艺条件下规定的施工生产中活劳动和物化劳动的消耗水平。所谓平均先进原则，就是在正常的施工条件下，大多数施工队组和大多数生产者经过努力能够达到和超过的水平。

企业定额应以企业平均先进水平为基准，使多数单位和员工经过努力能够达到或超过企业平均先进水平，以保持定额的先进性和可行性。

3. 动态管理的原则

建筑市场行情瞬息万变，企业的技术水平和管理水平也在不断地更新，不同的工程，在不同的时候，都有不同的价格，因此企业定额的编制还要遵循动态管理的原则。

4. 简明适用的原则

简明适用，是就定额的内容和形式要便于定额的贯彻和执行。简明适用的原则，要求施工定额内容要能满足组织施工生产和计算工人劳动报酬等多种需要。同时，又要简单明了，容易掌握，便于查阅、计算、携带。

定额的简明性和适用性，是既有联系又有区别的两个方面。编制施工定额时应全面加以贯彻。当两者发生矛盾时，定额的简明性应服从适用性的要求。

贯彻定额的简明适用性原则，关键是做到定额项目设置完全，项目划分粗细适当。定额项目的设置是否齐全完备，对定额的适用性影响很大。划分施工定额项目的基础是工作过程或施工技术。不同性质、不同类型的工作过程或工作，都应分别反映在各个施工定额的项目中。即使是次要的，也应在说明、备注和系数中反映出来。

5.量价分离、少留活口的原则

企业定额编制应该尽量减少使用时的调整,量价关联、活口过多都会增加调整的机会,不仅给定额的使用带来麻烦,更主要的是会导致成本测算差异太大,不能有效地起到预测和控制作用。

6.时效性原则

企业定额是一定时期内技术发展和管理水平的反映,所以在一段时期内会表现出稳定的状态。这种稳定性又是相对的,它还有更显著的时效性。当企业定额不再适应市场竞争和成本监控的需要时,它就要重新编制和修订,否则就会挫伤群众的积极性,甚至产生负面效应。

7.与施工方案全面接轨的原则

企业定额区别于行业定额或政府定额的一个主要特征和优势就在于此。行业和政府定额因其适用范围比企业定额大,为了避免理解和使用的混乱,大多数定额强调通用性,损失了定额的针对性,企业定额在条目设置上应尽量实现能与施工方案全面配套的功能,使企业定额的运用更加具有针对性,更加符合实际情况。

8.保密原则

企业定额的指标体系及标准要严格保密。建筑市场强手林立,竞争激烈。就企业现行的定额水平而言,工程项目在投标中如被竞争对手获取,会使本企业陷入十分被动的境地,给企业带来不可估量的损失。所以,企业要有自我保护意识和相应的加密措施。

9.以专家为主编制定额的原则

编制施工定额,要以专家为主,这是实践经验的总结。企业定额的编制要求有一支经验丰富、技术与管理知识全面、有一定政策水平的稳定的专家队伍,这一点非常重要。

10.独立自主的原则

施工企业作为具有独立法人地位的经济实体,应根据企业的具体情况和要求,结合政府的技术政策和产业导向,以企业盈利为目标,自主制定企业定额。贯彻这一原则有利于企业自主经营;有利于执行现代企业制度;有利于施工企业摆脱过多的行政干预,更好地面对建筑市场竞争的环境;也有利于促进新的施工技术和施工方法的采用。

(二)企业定额的编制依据

1.现有定额资料及其编制说明

现有定额包括近期和现行的预算定额(消耗量定额)的结构形式、子目的设置、章节的划分、工程量计算规则的规定、定额项目所综合工作内容和工、料、机消耗数量等,是编制企业定额的参考依据。现行的人工定额是编制定额补充项目的依据。定额的编制说明(交底资料)中含有大量的定额编制的基础数据,工、料、机消耗量确定公式,定额综合内容的综合比例,这些资料是编制企业定额的重要参考资料。

2.新材料、新结构、新工艺施工项目的现场资料

在投标报价过程中,拟建工程可能出现一些新材料、新结构、新工艺施工的项目。这些项目,对于中标者应注意搜集施工过程中实际发生的工、料、机消耗的资料,并加以分析,逐步形成补充定额;对于未中标者,则应注意搜集有关的书面资料,譬如施工过程、技术要求、劳动组织、技术装备等,为将来投标报价中再出现这些项目时能够报出有竞争力价格作准备。

3. 企业内部各相关部门的管理资料和依据

包括劳动生产部门、财务部门的工资总额、平均人数，材料部门的各类材料的采购价格、运费的发生情况，机械管理部门的机械折旧情况和租赁机械的价格。

4. 计划统计部门定时测算的工程造价指标

二、企业定额的编制内容、方法与步骤

企业定额的编制
内容、方法

（一）企业定额的编制内容

1. 形式上企业定额编制的内容

包括编制方案、总说明、工程量计算规则、定额项目划分、定额水平的测定（工、料、机消耗水平和管理成本费的测算和制定）、定额水平的测算（类似工程的对比测算）、定额编制基础资料的整理归类和编写。

2. 按《建设工程工程量清单计价规范》（GB50500—2013）要求编制的内容

（1）工程实体消耗定额，规定构成工程实体的分部（项）工程的工、料、机的定额消耗量。其中人工消耗量要根据本企业工人的操作水平确定；材料消耗量不仅包括施工材料的净消耗量，还应包括施工损耗；机械消耗量应考虑机械的摊销率。

（2）措施性消耗定额，规定有助于工程实体形成的临时设施、技术措施等的定额消耗量，既有为保证工程正常施工所采用的措施的消耗，包括模板的选择、配置与周转，脚手架的合理使用与搭拆及各种机械设备的合理配置等，也有根据工程当时当地的情况以及施工经验采取的合理配置措施的消耗。

（3）由计费规则、计价程序有关规定及相关说明组成的编制规定。在规定中一般要体现出施工准备、组织施工生产和管理所需的各项费用标准，包括企业管理人员工资、各种基金、保险费、办公费、工会经费、财务费用、经常费用等。

（二）企业定额的编制方法

1. 经验统计法

（1）经验统计法的概念

经验统计法是运用抽样统计的方法，从以往类似工程施工竣工结算资料、典型设计图纸资料及成本核算资料中抽取若干个项目的资料，进行分析、测算及定量的方法。

（2）经验统计法的要求

运用这种方法，首先要建立一系列数学模型，对以往不同类型的样本工程项目成本降低情况进行统计、分析，然后得出同类型工程成本的平均值或平均先进值。典型工程的经验数据权重不断增加，使其统计数据资料越来越完善、真实、可靠。这种方法只要正确确定基础类型，然后对号入座即可。

（3）经验统计法的特点

此方法的特点是积累过程长、统计分析细致，但使用时简单易行、方便快捷。缺点是模型中考虑的因素有限，而工程实际情况则要复杂得多，此法对各种变化情况的需要不能一一适应，准确性不够，因此这种方法对设计方案较规范的一般住宅民用建筑工程的常用项目的人、材、机消耗及管理费测定较适用。

2.现场观察测定法

(1)现场观察测定法的概念

现场观察测定法是我国多年来专业测定定额的方法。它以研究工时消耗为对象,以观察测时为手段,通过密集抽样和粗放抽样等技术进行直接的时间研究,从而确定人工消耗和机械台班定额水平。

(2)现场观察测定法的特点

此法的特点是能够把现场工时消耗情况和施工组织技术条件联系起来加以观察、测时、计量和分析,以获得该施工过程的技术组织条件和工时消耗的有关技术根据的基础资料,它不仅能为制定定额提供基础数据,而且也能为改善施工组织管理、改善工艺过程和操作方法、消除不合理的工时损失和进一步挖掘生产潜力提供依据。

此法技术简便、应用面广且资料全面,适用于影响工程造价大的主要项目及新技术、新工艺、新施工方法项目的劳动力消耗和机械台班水平的测定。这里要强调的是劳动消耗中要包含人工幅度差的因素,至于人工幅度差考虑多少,是低于现行预算定额水平还是进行不同的取值,由企业在实践中探索确定。

3.定额换算法

(1)定额换算法的概念

定额换算法是按照工程预算的计算程序计算出造价,分析出成本,然后根据具体工程项目的施工图纸、现场条件和企业劳务、设备及材料储备状况,结合实际情况对定额水平进行调增或调减,从而确定工程实际成本的方法。在各施工单位企业定额尚未建立的今天,采用这种定额换算的方法建立部分定额水平不失为一条捷径。

(2)定额换算法的特点

这种方法在假设条件下把变化的条件罗列出来进行适当的增减,既简单易行,又相对准确,是补充企业一般工程项目人、材、机和管理费标准的较好方法之一,不过这种方法制定的定额水平要在实践中得到检验和完善。

(三)企业定额的编制步骤

1.制定《企业定额编制计划书》

《企业定额编制计划书》一般包括以下内容:

企业定额的编制步骤

(1)企业定额编制的目的。企业定额编制的目的一定要明确,因为编制目的决定了企业定额的适用性,同时也决定了企业定额的表现形式。例如,企业定额的编制目的如果是为了控制工耗和计算工人劳动报酬,应采取人工定额的形式;如果是为了企业进行工程成本核算,以及为企业走向市场参与投标报价提供依据,则应采用施工定额或定额估价表的形式。

(2)定额水平的确定原则。企业定额水平的确定,是企业定额能否实现编制目的的关键。定额水平过高,背离企业现有水平,使企业内多数施工队、班组、工人通过努力仍然达不到定额水平,不仅不利于定额在本企业推行,还会挫伤管理者和劳动者双方的积极性;定额水平过低,起不到鼓励先进和督促落后的作用,而且对项目成本核算和企业参与市场竞争不利。因此,在编制计划书时,必须对定额水平进行确定。

(3)确定编制方法和定额形式。定额的编制方法很多,对不同形式的定额,其编制方法也不相同。例如，人工定额的编制方法有技术测定法、统计分析法、类比推算法、经验估算法等；材料消耗定额的编制方法有观测法、试验法、统计法等。因此，定额编制究竟采取哪种方法应根据具体情况而定。企业定额编制通常采用的方法一般有两种：定额测算法和方案测算法。

(4)拟成立企业定额编制机构，提交参编人员名单。企业定额的编制工作是一个系统性的工程，它需要一批高素质的专业人才在一个高效率的组织机构统一指挥下协调工作，因此，在定额编制工作开始时，必须设置一个专门的机构，配置一批专业人员。

(5)明确应收集的数据和资料。定额在编制时要搜集大量的基础数据和各种法律、法规、标准、规程、规范文件、规定等，这些资料都是定额编制的依据。所以，在编制计划书时，要制定一份按门类划分的资料明细表。在明细表中，除一些必须采用的法律、法规、标准、规程、规范资料外，还应根据企业自身的特点，选择一些能够取得适合本企业使用的基础性数据资料。

(6)确定工期和编制进度。定额的编制是为了使用，具有时效性，所以，应确定一个合理的工期和进度计划表，这样既有利于编制工作的开展，又能保证编制工作的效率和效益。

2.搜集资料并进行调查、分析、测算和研究

应搜集的资料包括以下内容：

(1)现行定额，包括基础定额和预算定额、工程量计算规则；

(2)国家现行法律、法规、经济政策和劳动制度等与工程建设有关的各种文件；

(3)有关建筑安装工程的设计规范、施工及验收规范、工程质量检验评定标准和安全操作规程；

(4)现行全国通用的建筑标准设计图集、安装工程标准安装图集、定型设计图纸、具有代表性的设计图纸、地方建筑配件通用图集和地方结构构件通用图集，并根据上述资料计算工程量，作为编制定额的依据；

(5)有关建筑安装工程的科学实验、技术测定和经济分析数据；

(6)高新技术、新型结构、新研制的建筑材料和新的施工方法等；

(7)本企业近几年所采用的主要施工方法；

(8)本企业近几年发布的合理化建议和技术成果；

(9)本企业近几年各工程项目的施工组织设计、施工方案，以及工程结算资料；

(10)本企业目前所拥有的机械设备状况和材料库存状况；

(11)现行人工工资标准和地方材料预算价格；

(12)现行机械效率、寿命周期和价格；机械台班租赁价格行情；

(13)本企业近几年各工程项目的财务报表、公司财务总报表以及历年收集的各类经济数据；

(14)本企业目前的工人技术素质、构成比例、家庭状况和收入水平。

资料收集完成后，要对上述资料进行分类整理、分析、对比、研究和综合测算，提取可供使用的各种技术数据。内容包括：企业整体水平与定额水平的差异，现行法律、法规，以及规程规范对定额的影响，新材料、新技术对定额水平的影响等。

3.拟定编制企业定额的工作方案和计划

编制企业定额的工作方案和计划包括以下内容：

（1）根据编制目的，确定企业定额的内容及专业划分；

（2）确定具体参编人员的工作内容、职责、要求；

（3）确定企业定额的结构形式及步距划分原则；

（4）确定企业定额的册、章、节的划分和内容的框架。

4.编制企业定额的初稿

企业定额初稿的编制包括以下步骤及内容。

（1）确定企业定额的定额项目及其内容

企业定额项目及其内容的编制，就是根据定额的编制目的及企业自身的特点，本着内容简明适用，形式结构合理、步距划分合理的原则，将一个单位工程按工程性质划分为若干个分部工程，如土建工程的土石方工程、桩基础工程等。然后将分部工程划分为若干个分项工程，如土石方工程划分为人工挖土方、淤泥、流砂，人工挖沟槽、基坑，人工挖孔桩等分项工程。最后，确定分项工程的步距，并根据步距对分项工程进一步详细划分为具体项目，步距参数的设定一定要合理，既不应过粗，也不应过细。如可根据土质和挖掘深度作为步距参数，对人工挖土方进行划分。同时应对分项工程的工作内容作简明扼要的说明。

（2）确定企业定额的计量单位

分项工程计量单位的确定一定要合理，设置时应根据分项工程特点，本着准确、贴切、方便计量的原则设置。定额的计量单位包括自然计量单位，如台、套、个、件、组、樘等，国际标准计量单位，如 m、km、m²、m³、kg、t 等。一般来说，当实物体的三个度量都会发生变化时，采用 m³ 为计量单位，如土方、混凝土、保温层等；如果实物体的三个度量中有两个不固定，采用 m² 为计量单位，如地面、抹灰、油漆等；如果实物体截面积形状大小固定，则采用延长米为计量单位，如管道、电缆、电线等；不规则形状的，难以度量的则采用自然计量单位或质量单位为计量单位。

（3）确定企业定额指标

确定企业定额指标是企业定额编制的重点和难点。企业定额指标的编制，应根据企业采用的施工方法、新材料的替代以及机械装备的装配和管理模式，结合搜集整理的各类基础资料进行确定。确定企业定额指标包括确定人工消耗指标、确定材料消耗指标、确定机械台班消耗指标。

（4）编制企业定额项目表

分项工程的人工、材料、机械台班的消耗量确定后，随之即可编制企业定额项目表。具体地说，就是编制企业定额项目表中的各项内容。

企业定额项目表是企业定额的主体部分，它由表头栏和人工栏、材料栏、机械栏组成。表头部分用以表达各分项工程的结构形式、材料做法和规格档次等；人工栏是以工种表示的消耗的工日数及合计；材料栏是按消耗的主要材料和消耗性材料依主次顺序分列出的消耗量；机械栏是按机械种类和规格型号分别列出的机械台班使用量。

（5）编排企业定额的项目

定额项目表，是按分部工程归类，按分项工程子目编排的一些项目表格。也就是说，按施工的程序，遵循章、节、项目和子目等顺序编排。

定额项目表中，大部分以分部工程为章，把单位工程中性质相近且材料大致相同的施工对象编排在一起。每章（分部工程）中，按工程内容、施工方法和使用的材料类别的不同，分成若干节(分项工程)。在每节(分项工程)中,可以分成若干项目,项目还可以根据施工要求、材料类别和机械设备型号的不同,细分成不同子目。

(6)编制企业定额相关项目说明

企业定额相关项目说明包括前言、总说明、目录、分部(或分章)说明、建筑面积计算规则、工程量计算规则、分项工程工作内容等。

(7)编制企业定额估价表

企业根据投标报价工作的需要,可以编制企业定额估价表。企业定额估价表是在人工、材料、机械台班三项消耗量的企业定额的基础上,用货币形式表达每个分项工程及其子目的定额单位估价计算表格。企业定额估价表的人工、材料、机械台班单价是通过市场调查,结合国家有关法律文件及规定,按照企业自身的特点来确定的。

三、企业定额的编制范围及部门分工

(一)企业定额的编制范围

企业定额的编制范围应该是本企业已经施工过的工程项目。考虑到企业发展的需要,并且借鉴和参考行业和政府定额,还要编制部门与企业未来生产方向相关的定额,以适应企业管理的需要。

企业定额的编制范围
及部门分工

(二)企业定额编制的部门分工

企业定额编制的部门包括总经济师、经营部、工程部、财务部、各项目经理部。各部门分工如下。

1. 总经济师

负责全面主持定额编制工作,编写《企业定额编制办法》、定额总说明,审定编制施工模型方案,确定定额编制范围、内容、步距、深度,确定数据库格式,协调各编制部门之间的配合工作,会同副总经理确定定额编制成果,并参与经营部工作。

2. 经营部

负责确定定额计算方法,计算定额资源消耗数量、推销数量,确定相关材料价格、机械价格,测算新编企业定额水平,完成全部定额编制文稿,建立相应的定额消耗量库、材料库、机械台班库。

3. 工程部

负责采集和整理现场相关资料,编制施工定额,确定合理工期,安排相应的劳动力、机械、临时设施、措施项目等,提供详细的机械相关参数、工序时间参数,编写定额工程量计算规则。

4. 财务部

主要负责对项目现场管理费用定额的编制,分析整理历年公司施工管理费用资料,按定额步距分批形成费用定额。

5. 项目经理部

主要负责提供现场资料,按公司企业定额编制组提出的要求收集本项目实际生产资料,包括资源消耗情况、劳动力分布、机械使用、能耗,同时应对收集资料的状况(环境)进行详细描述。

4.3 企业定额编制示例及应用

一、企业定额的参考表式

企业实体消耗定额内容包括：总说明，册说明，章说明，工程量计算规则，分项工程工作内容，定额计量单位，定额代码，定额名称，人工、材料、机械的编码、名称、消耗量及其市场价，定额标号等。表2-14和表2-15为某企业定额表式。

表 2-14 现浇混凝土基础

工作内容：混凝土水平运输、搅拌、浇捣、养护等。 10 m³

定额编号				4-1	4-2	4-3	4-4
项目		单位	单价	带形基础		独立基础	
				毛石混凝土	混凝土	毛石混凝土	混凝土
预算价格		元	—	1233.18	1346.57	1205.44	1443.19
其中	人工费	元	—	142.95	160.27	147.22	155.33
	材料费	元	—	991.58	1071.54	965.86	1072.1
	机械费	元	—	98.65	114.26	92.36	114.76
人工	R9	混凝土工	工日	23.15	4.30	4.91	4.45	4.74
	R1	普通工	工日	20.00	2.17	2.33	2.21	2.28
材料	P412	C15~40 碎石	m³	104.27	8.63	10.15	8.12	10.15
	C6294	草袋	m³	1.85	2.27	2.17	2.76	2.83
	C1725	片石（毛石）	m³	28.67	2.74	—	3.65	—
	C5734	工程用水	m³	2.75	3.26	3.34	3.43	3.46
机械	J282	混凝土搅拌机 400 L	台班	93.11	0.27	0.31	0.25	0.31
	J499	混凝土振捣器（插入式）	台班	11.44	0.53	0.63	0.5	0.63
	J243	机动翻斗车	台班	102.2	0.66	0.77	0.62	0.77

表 2-15　现浇构件钢筋工程

工作内容：钢筋配制、绑扎、安装。

t

定额编号				6-5	6-6	6-7	6-8
项目		单位	单价	现浇混凝土构件			
				$\phi 14$	$\phi 16$	$\phi 18$	$\phi 20$
预算价格		元	—	2554.23	2594.49	2482.12	2456.16
其中	人工费	元	—	191.05	190.50	176.05	159.75
	材料费	元	—	2309.04	2321.31	2234.34	2235.56
	机械费	元	—	54.14	82.68	71.73	60.85
人工	R17 钢筋工	工日	27.5	5.10	2.54	4.70	4.26
	R1 普通工	工日	20.00	2.54	5.08	2.34	2.13
材料	C4 圆钢 14	kg	2.18	1050.00	—	—	—
	C5 圆钢 16	kg	2.18	—	1050.00	—	—
	C6 圆钢 18	kg	2.18	—	—	1010.00	—
	C7 圆钢 20	kg	2.18	—	—	—	1010.00
	C323 镀锌铁丝 0.7 mm（22 号）	kg	3.74	3.39	2.6	2.05	1.67
	C3295 电焊条/结 422	kg	3.68	2.00	5.98	6.63	7.37
	C5734 工程用水	m³	2.75	—	0.21	0.17	0.14
机械	J320 钢筋调直机 $\phi 14$	台班	38.88	0.21	0.17	—	—
	J321 钢筋切断机 $\phi 40$	台班	39.52	0.11	0.11	0.11	0.11
	J322 钢筋弯曲机 $\phi 40$	台班	23.99	0.42	0.42	0.35	0.35
	J425 直流电焊机功率 30 kW	台班	105.15	0.30	0.41	0.42	0.34
	J430 对焊机容量 75KVA	台班	123.51	—	0.15	0.12	0.10

企业工期定额内容包括：总说明、建筑面积计算规范、每章节说明、工期计算规则、结构类型、计量单位、定额编号、项目名称、施工天数等。表 2-16 为某企业工期定额表式。

表 2-16 ±0.000 m 以上综合楼工程

编号	结构类型	层数	建筑面积/m²	施工天数/d	
				总工期	其中：结构
1-358			15000 以内	330	120
1-359			20000 以内	340	135
1-360		18 层以下	25000 以内	350	150
1-361			30000 以内	370	170
1-362			30000 以外	390	190
1-363			15000 以内	360	125
1-364			20000 以内	370	140
1-365		20 层以下	25000 以内	390	155
1-366			30000 以内	410	175
1-367			30000 以外	430	200
1-368	框架结构		15000 以内	390	135
1-369			20000 以内	400	150
1-370		22 层以下	25000 以内	415	170
1-371			30000 以内	430	190
1-372			30000 以外	460	210
1-373			20000 以内	420	160
1-374		24 层以下	25000 以内	440	180
1-375			30000 以内	470	210
1-376			30000 以外	500	240
1-377			20000 以内	440	170
1-378		26 层以下	25000 以内	460	190
1-379			30000 以内	490	220
1-380			30000 以外	520	250

二、企业定额编制实例

某企业定额 φ8 钢筋制安工程项目编制。

(一) 编制依据

(1) 参考 1985 年《全国建筑安装工程统一劳动定额》及《全国建筑安装工程统一劳动定额编制说明》。

(2) 参照 1995 年《全国统一建筑工程基础定额》有关资料。

(3) 企业内部实测数据。

（二）施工方法

（1）施工现场统一配料，集中加工，配套生产，流水作业。

（2）机械制作：系指在一个工地有调直机或卷扬机、切断机、弯曲机全部机械设备者。

1）平直：采用调直机调直或卷扬机拉直（冷拉）；

2）切断：采用切断机；

3）弯曲：采用弯曲机，钢筋弯曲程度以弯曲钢筋占构件钢筋总量的60%为准。

（3）绑扎采用一般工具、手工操作。

（4）原材料及半成品的水平运输，用人力或双轮车搬运。机械垂直运输不分塔吊、机吊，半成品用人力或机械配合运输。

（三）工作内容

1. 钢筋制作

（1）平直：包括取料、解捆、开拆、平直（调直、拉直）及钢筋必要的切断、分类堆放到指定地点及 30 m 以内的原材料搬运等（不包括过磅）。

（2）切断：包括配料、划线、标号、堆放及操作地点的材料取放和清理钢筋头等。

（3）弯曲：包括放样、划线、弯曲、捆扎、标号、垫棱、堆放、覆盖以及操作地点 30 m 以内材料和半成品的取放。

2. 钢筋制绑

（1）清理模板内杂物、木屑、烧、断铁丝。

（2）按设计要求绑扎成型并放入模内。捣制构件除混凝土另有规定外，均负责安放垫块等。

（3）捣制构件包括搭拆施工高度在 3.6 m 以内的简单架子。

（4）地面 60 m 的水平运输和取放半成品，捣制构件并包括人力一层和机械六层（或高 20 m）以内的垂直运输，以及建筑物底层和楼层的全部水平运输。

（四）工料机消耗量计算和有关说明

1. 人工消耗量计算和说明

（1）除锈：按钢筋总重量的25%计算。除锈用工计算以劳动定额为基础综合计算，见表 2-17。

表 2-17　$\phi 8$ 钢筋除锈用工消耗量计算表

t

施工工序名称	数量	劳动定额		工日数/工日
		工种	时间定额	
$\phi 8$ 钢筋除锈	0.25	钢筋工	2.94	0.735

注：时间定额详见《全国建筑安装工程统一劳动定额编制说明》附录二。

（2）平直：按机械平直100%计算，用工详见《全国建筑安装工程统一劳动定额编制说明》附录一，时间定额取定 1.19 工日/t。

（3）钢筋切断用工计算以劳动定额为基础，按企业内部调查资料确定的综合权数综合计算，见表2-18。

表2-18　现浇构件钢筋切断用工消耗量计算表

t

钢筋直径	劳动定额	钢筋长度在_____m以内						综合取定
		1	2	3	4	5	6	
φ8	时间定额	0.704	0.528	0.433	0.376	0.380	0.316	0.525
	内部综合权数	20	50	15	10	3	2	

（4）现浇构件钢筋弯曲用工以劳动定额为基础，按企业内部调查资料确定的综合权数综合计算，见表2-19。

表2-19　现浇构件钢筋弯曲用工消耗量计算表

t

钢筋直径	项目（弯头在2、6、8个以内）		长度在_____m以内					综合（一）	综合权数	综合
			1	2	3	4.5	6			
φ8	机械弯曲	2	时间定额	1.534	0.874	0.703	0.664	0.641	0.821	50	1.27
			内部综合权数	10	30	25	25	10			
		6	时间定额	2.988	1.81	1.62	1.408	1.405	1.671	40	
			内部综合权数	5	30	30	25	10			
		8	时间定额	4.228	2.532	2.11	1.762	1.688	1.946	10	
			内部综合权数	0	10	35	35	20			

（5）φ8钢筋不同部位绑扎用工以劳动定额为基础，按企业内部调查资料确定的综合权数综合计算，见表2-20。

表2-20　现浇构件绑扎用工消耗量计算表

t

施工工序名称	单位	数量	内部权数/%	劳动定额			
				定额编号	工种	时间定额	工日
（1）	（2）	（3）	（4）	（5）	（6）	（7）	（8）=（3）×（4）×（7）
地面	t	1.0	5	9-2-37	钢筋	3.03	0.152
墙面	t	1.0	10	9-5-94	钢筋	6.25	0.625
电梯井、通风道	t	1.0	5	9-5-102	钢筋	8.33	0.417
平板、屋面板（单向）	t	1.0	5	9-6-107	钢筋	4.35	0.218

续表2-20

施工工序名称	单位	数量	内部权数/%	劳动定额			
				定额编号	工种	时间定额	工日
平板、屋面板(双向)	t	1.0	8	9-6-110	钢筋	5.56	0.445
筒形薄板	t	1.0	2	9-6-114	钢筋	7.14	0.143
楼梯	t	1.0	3.5	9-7-120	钢筋	9.26	3.241
阳台、雨蓬等	t	1.0	1.5	9-7-126	钢筋	12.30	1.845
栏板、扶手	t	1.0	3	9-7-129	钢筋	20.00	0.60
暖气沟等	t	1.0	2	9-7-131	钢筋	9.09	0.182
盥洗池、槽	t	1.0	3	9-7-140	钢筋	10.0	0.30
水箱	t	1.0	2	9-7-142	钢筋	6.25	0.125
化粪池	t	1.0	2	9-7-146	钢筋	7.46	0.149
墙压顶	t	1.0	3	9-7-149	钢筋	10.00	0.30
小计							8.742

(6)钢筋成品保护用工：经过实际测定，每吨钢筋取定 0.45 工日。

(7)定额项目人工消耗量计算，见表2-21。

表 2-21　定额项目人工消耗量计算表

t

工作内容				钢筋除锈、制作、绑扎、安装			
操作方法质量要求							
施工操作工序名称及工作量							
名称		单位	数量	人工消耗计算过程	工种	时间定额	人工消耗量/工日
	1	2	3	4	5	6	7=3×6
劳动力计算	除锈	t	0.25	详见表 2-17	钢筋	2.94	0.735
	平直	t	1.00	详见人工消耗计算和说明 2	钢筋	1.19	1.19
	切断	t	1.00	详见表 2-18	钢筋	0.525	0.525
	弯曲	t	1.00	详见表 2-19	钢筋	1.274	1.274
	绑扎	t	1.00	详见表 2-20	钢筋	8.742	8.742
	成品保护用工	t	1.00	详见人工消耗计算和说明 6	钢筋	0.45	0.45
小计							12.916
人工幅度差10%		1.29		合计			14.2

2．材料消耗量计算和说明

（1）钢筋绑扎用量的计算

1）材料：22号铁丝。

2）依据企业内部多项工程测算综合取定铁丝用量156.28 kg。

3）钢筋绑扎铁丝长度为220 mm/根，见表2-22。

表2-22　钢筋绑扎用22号铁丝消耗量计算表

钢筋规格	综合取定钢筋重量/t	22号铁丝总用量/kg	每t钢筋用22号铁丝/kg
φ8	17.75	156.28	8.8

（2）钢筋用量的计算：根据图纸计算出净用量的基础上，结合企业内部多项工程的实测数据，增加1.5%的损耗为企业定额材料消耗用量。

（3）定额项目材料消耗量计算，见表2-23。

表2-23　定额项目材料消耗量计算表

t

	计算依据或说明					
	名称	规格	单位	计算量	损耗率/%	使用量
主要材料	圆钢筋	φ8	t	1.0	1.5	1.015
	镀锌铁丝	22号	kg			8.8

3．机械台班消耗量计算和说明

（1）有关数据

调直机、切断机、弯曲机机械台班使用量=1 t钢筋×(1÷钢筋制作每工产量×小组成员人数)

小组成员人数取定：

调直：调直机，3人。切断：切断机，3人(切断长度6 m)。弯曲：弯曲机，2人。

（2）钢筋平直机械台班使用量计算以劳动定额为基础计算，见表2-24。

表2-24　定额项目钢筋平直机械台班使用量计算表

预算定额	劳动定额					
钢筋直径	定额编号	单位	每工产量	小组人数	每班产量	台班使用量计算/台班
φ8	9-17-308(一)	t	0.84	3	2.52	1/2.52=0.40

（3）钢筋切断机机械台班使用量计算以劳动定额为基础计算，见表2-25。

表2-25 定额项目钢筋切断机械台班使用量计算表

t

预算定额	劳动定额					
钢筋直径	定额编号	单位	每工产量	小组人数	每班产量	台班使用量计算/台班
φ8	9-17-308(二)	t	1.54	3	4.62	1/4.62=0.22

（4）钢筋弯曲机机械台班使用量计算以劳动定额为基础计算，见表2-26。

表2-26 定额项目钢筋弯曲机机械台班使用量计算表

t

预算定额	劳动定额					
钢筋直径	定额编号	单位	每工产量	小组人数	每班产量	台班使用量计算/台班
φ8	9-17-308(三)	t	1	2	2	1/2×60%=0.3

注：φ8钢筋弯曲比例按60%计算。

（5）定额项目机械台班消耗量计算，见表2-27。

表2-27 定额项目机械台班消耗量计算表

t

工程内容				钢筋调直、切断、弯曲		
机械台班计算	施工操作			机械名称	台班用量计算	机械使用量/台班
	工序	数量	单位			
	1	2	3	4	5	6
	钢筋调直	1.0	t	调直机	表2-24	0.40
	钢筋切断	1.0	t	切断机	表2-25	0.22
备注	钢筋弯曲	1.0	t	弯曲机	表2-26	0.30

综上所述，现浇构件φ8钢筋工程工料机消耗量定额见表2-28。

表 2-28　钢筋工程

工作内容：钢筋配制、绑扎、安装　　　　　　　　　　　　　　　　　　　　　　t

定额编号			6-2
项目	单位	单价	现浇混凝土构件
			圆钢筋/mm
			$\phi 8$
预算价格	元		
其中	人工费	元	
	材料费	元	
	机械费	元	
人工	钢筋工	工日	14.2
材料	圆钢	kg	1015
	镀锌铁丝(22 号)	kg	8.80
机械	钢筋调直机	台班	0.40
	钢筋切断机	台班	0.22
	钢筋弯曲机	台班	0.30

三、企业定额的应用

【例 2-24】　某建筑施工单位通过公开招标承建长沙市某政府办公楼工程,通过计算已知该工程的 $\phi 8$ 钢筋的图示用量为 100 t,试根据企业定额(表 2-28)完成以下计算:

（1）确定 $\phi 8$ 钢筋配制、绑扎、安装的工、料、机用量。

（2）若已知工、料、机的单价如表 2-29,试计算 $\phi 8$ 钢筋配制、绑扎、安装所需人工费、材料费、机械费。

表 2-29　人、材、机单价

名称	单价
钢筋工	150 元/工日
$\phi 8$ 钢筋	3000 元/t
镀锌铁丝(22 号)	2500 元/t
钢筋调直机	500 元/台班
钢筋切断机	200 元/台班
钢筋弯曲机	500 元/台班

【解】　（1）确定 $\phi 8$ 钢筋配制、绑扎、安装的工、料、机用量

查表 2-28 知：

需要钢筋工：14.2 工日/t×100 t=1420(工日)

需要 $\phi 8$ 钢筋：1015 kg/t×100 t=101500(kg)=101.5(t)

需要镀锌铁丝(22 号)：8.8 kg/t×100 t=880(kg)=0.88(t)

需要钢筋调直机：0.4 台班/t×100 t=40(台班)

需要钢筋切断机：0.22 台班/t×100 t=22(台班)

需要钢筋弯曲机：0.3 台班/t×100 t=30(台班)

(2)计算 $\phi 8$ 钢筋配制、绑扎、安装所需人工费、材料费、机械费

1)人工费：1420×150=213000(元)

2)材料费：101.5×3000+0.88×2500=306700(元)

3)机械费：40×500+22×200+30×500=39400(元)

【例 2-25】　已知某工程采用现浇混凝土带形基础，经计算此工程现浇混凝土带形基础工程量为 150 m³，试根据企业定额(表 2-14)完成以下计算：

(1)完成此基础工、料、机的消耗量；

(2)完成此基础所需人工费、材料费、机械费。

【解】　(1)查表 2-14，完成此基础工、料、机的消耗量为：

1)混凝土工：4.91 工日/ 10 m³×150 m³=73.65(工日)

2)普通工：2.33 工日/ 10 m³×150 m³=34.95(工日)

3)C15-40 碎石：10.15 m³/ 10 m³×150 m³=152.25(m³)

4)草袋：2.17 m³/ 10 m³×150 m³=32.55(m³)

5)水：3.34 m³/ 10 m³×150 m³=50.1(m³)

6)混凝土搅拌机 400 L：0.31 台班 / 10 m³×150 m³=4.65(台班)

7)混凝土振捣器(插入式)：0.63 台班 / 10 m³×150 m³=9.45(台班)

8)机动翻斗车：0.77 台班 / 10 m³×150 m³=11.55(台班)

(2)查表 2-14，完成此基础所需人工费、材料费、机械费为：

1)人工费：160.27 元/10 m³×150 m³=2404.05(元)

2)材料费：1071.54 元/10 m³×150 m³=16073.1(元)

3)机械费：114.76 元/10 m³×150 m³=1721.4(元)

【思政港湾】

违法建设酿惨剧

【基础知识练习】

一、单选题(以下各题有且只有一个正确答案)

1.( )反映了企业的施工水平、装备水平和管理水平,是考核建筑安装企业劳动生产率水平、管理水平的标尺和确定工程成本、投标报价的依据。

A.预算定额　　　　B.概算定额　　　　C.企业定额　　　　D.投资估算指标

2.从性质上看,企业定额是( )的异称。

A.预算定额　　　　B.概算定额　　　　C.施工定额　　　　D.投资估算指标

3.企业定额定额水平为( )。

A.先进水平　　　　B.平均先进水平　　　C.平均水平　　　　D.低水平

4.一般来说,当实体的三个度量都会发生变化时,采用( )为计量单位,如土方、混凝土、保温层等。

A.m³　　　　　　　B.m²　　　　　　　C.m　　　　　　　D.个或樘

5.企业定额在企业计划管理方面的作用,表现在它既是企业编制( )的依据,也是企业编制施工作业计划的依据。

A.施工平面图　　　B.施工组织设计　　　C.施工图　　　　D.招标控制价

6.确定企业定额指标包括确定( )、确定材料消耗指标、确定机械台班消耗指标。

A.人工工资单价　　B.人工消耗指标　　　C.材料单价　　　D.机械台单价

7.定额项目表,是按( )归类,按分项工程子目编排的一些项目表格。也就是说,按施工的程序,遵循章、节、项目和子目等顺序编排。

A.分部工程　　　　B.分项工程　　　　C.单位工程　　　　D.单项工程

8.企业定额编制时,( )负责全面主持定额编制工作,编写《企业定额编制办法》、定额总说明,审定编制施工模型方案,确定定额编制范围、内容、步距、深度,确定数据库格式,协调各编制部门之间的配合工作,会同副总经理确定定额编制成果,并参与经营部工作。

A.经营部　　　　　B.总经济师　　　　C.财务部　　　　D.企业法人

9.( )是在人工、材料、机械台班三项消耗量的企业定额的基础上,用货币形式表达每个分项工程及其子目的定额单位估价计算表格。

A.定额项目表　　　　　　　　　　B.消耗量标准

C.预算定额估价表　　　　　　　　D.企业定额估价表

10.企业定额的编制主体是( )。

A.政府机关　　　　　　　　　　　B.审计部门

C.企业　　　　　　　　　　　　　D.中国建筑工程造价协会

二、多选题(以下各题有两个及两个以上正确答案)

1.企业定额相关项目说明包括:( )、总说明、分部(或分章)说明、建筑面积计算规则、分项工程工作内容等。

A.前言　　　　　　　　　　　　　B.工程量计算规则

C. 目录　　　　　　　　　　　D. 施工图纸

2. 企业定额的特点包括(　　)

A. 定额中工、料、机消耗量要比社会的平均水平低, 以体现其先进性;

B. 可以体现本企业在某些方面的技术优势和管理优势;

C. 可以体现本企业在定额执行期内的综合生产能力水平;

D. 所有匹配的单价都是动态的, 具有市场性;

E. 与施工方案(施工组织设计)能全面接轨;

3. 企业定额的编制方法有(　　)。

A. 现场观测法　　　B. 经验统计法　　　C. 定额换算法　　　D. 统筹法

E. 头脑风暴法

4. 企业定额编制原则有(　　)。

A. 动态管理的原则　　　　　　　B. 时效性原则

C. 公开原则　　　　　　　　　　D. 保密原则

5. 以下属企业定额的编制依据的有(　　)。

A. 企业内部各相关部门的管理资料和依据

B. 新材料、新结构、新工艺施工项目的现场资料

C. 现有定额资料及其编制说明

D. 专家个人经验

【基本技能训练】

1. 已知φ10钢筋切断机械台班使用量计算表(表2-30), 试确定表中的每班产量和台班使用量。

表2-30　定额项目钢筋切断机械台班使用量计算表

t

预算定额	劳动定额					
钢筋直径	定额编号	单位	每工产量	小组人数	每班产量	台班使用量计算/台班
φ10	9-17-308(二)	t	1.5	4		

2. 已知某工程采用现浇混凝土独立基础, 经计算此工程现浇混凝土独立基础工程量为200 m³, 试根据企业定额(表2-14)完成以下计算:

(1)完成此基础工料机的消耗量;

(2)完成此基础所需人工费、材料费、机械费。

任务五 预算定额的编制与应用

在我国，建筑工程预算定额是行业定额，反映全行业为完成单位合格工程建设产品的施工任务所需人工、材料、机械消耗的标准。预算定额由国家主管机关或被授权单位组织编制并颁发执行，现行预算定额和相应费用定额在其执行范围内具有相应的权威性，保证了在定额适用范围内，建筑工程有了统一的造价与核算尺度，成为建设单位和施工单位间建立经济关系的重要基础。

【知识目标】

(1)了解预算定额的概念、作用、编制步骤与方法；

(2)了解预算定额的组成内容；

(3)熟悉预算定额的参考表式；

(4)掌握预算定额人工、材料和机械台班消耗指标的确定方法；

(5)熟悉单位估价表；

(6)熟悉预算定额的组成内容；

(7)掌握预算定额的应用方法。

【技能目标】

(1)具有确定预算定额的人工、材料、机械消耗量指标的能力；

(2)具有编制预算定额及单位估价表的能力；

(3)能够熟练应用定额。

【素质目标】

(1)具有良好的职业道德和诚信品质；

(2)具有较强的敬业精神和责任意识；

(3)具有较好的团队协作能力；

(4)具有较好的吃苦耐劳、实干创新精神。

5.1 预算定额概述

预算定额概述-导学

一、预算定额的概念

预算定额是指在正常合理的施工条件下，完成一定计量单位合格的分项工程或结构构件所需的人工、材料和机械台班消耗的数量标准。预算定额反映了在完成规定计量单位符合设计标准和施工及验收规范要求的分项工程消耗的劳动和物化劳动的数量限度。这种限度决定了单项工程和单位工程的成本和造价。

在我国，建筑工程预算定额是行业定额，反映全行业为完成单位合格工

预算定额概述

程建设产品的施工任务所需人工、材料、机械消耗的标准。预算定额是由国家或各省(自治区、直辖市)制定的。它与单位估价表一样,可以直接作为编制工程预算的依据。各省(自治区、直辖市)制定的地区统一定额,考虑了地区特点,在统一定额水平的条件下编制的,只在规定的地区范围内使用。各地区不同的气候条件、物质技术条件、地方资源条件和交通运输条件,是确定定额内容和水平的重要依据。

预算定额由国家主管机关或被授权单位组织编制并颁发执行,现行预算定额和相应费用定额在其执行范围内具有相应的权威性,保证了在定额适用范围内,建筑工程有了统一的造价与核算尺度,成为建设单位和施工单位间建立经济关系的重要基础。

二、预算定额的分类

建筑工程预算定额按不同专业性质、管理权限和执行范围及构成生产要素的不同进行分类。

(1)按专业性质分,预算定额有建筑工程定额和安装工作定额两大类。建筑工程预算定额按专业对象又可以分为建筑工程预算定额、市政工程预算定额、铁路工程预算定额、公路工程预算定额、房屋修缮工程预算定额、矿山井巷预算定额等。安装工程预算定额按专业对象又分为电气设备安装工程预算定额、机械设备安装工程预算定额、通信设备安装工作定额、化学工业设备安装工程预算定额、工业管道安装工程预算定额、工艺金属结构安装工程预算定额、热力设备安装工程预算定额等。

(2)从管理权限和执行范围分,预算定额可分为全国统一定额、行业统一定额和地区统一定额等。

三、预算定额的作用

(一)预算定额是编制施工图预算、确定和控制建筑安装工程造价的基础

施工图预算是施工图设计文件之一,是确定和控制建筑工程造价的必要手段。编制施工图预算,主要依据施工图设计文件和预算定额及人工、材料、机械台班的价格。施工图设计一经确定,工程预算造价就取决于预算定额水平和人工、材料及机械台班的价格。预算定额是确定劳动力、材料、机械台班消耗的标准,对工程直接费影响很大,对整个建筑产品的造价起着控制作用。

(二)预算定额是对设计方案进行技术经济比较、技术经济分析的依据

设计方案在设计工作中居于中心地位。设计方案的选择要满足功能、符合设计规范,既要技术先进又要经济合理。根据预算定额对方案进行技术经济分析和比较,是选择经济合理设计方案的重要方法。对设计方案进行比较,主要是通过定额对不同方案所需人工、材料和机械台班消耗量等进行比较。这种比较可以判明不同方案对工程造价的影响。对于新结构、新材料的应用和推广,也需要借助于预算定额进行技术分析和比较,从技术与经济的结合上考虑普遍采用的可能性和效益。

(三)预算定额是编制施工组织设计的依据

施工组织设计的重要任务之一是确定施工中所需要人工、材料、机械台班等资源需用量,并作出最佳安排。施工单位在缺乏本企业的施工定额的情况下,根据预算定额,也能够

比较精确地计算出施工中各项资源的需要量，为有计划地组织材料采购、劳动力和施工机械的调配提供了可靠的计算依据。

（四）预算定额是合理编制招标控制价、投标报价的基础

在深化改革中，预算定额的指令性作用将日益削弱，而施工单位按照工程个别成本报价的指导性作用仍然存在，因此预算定额作为编制工程项目招标控制价的依据和施工企业报价的基础性作用仍将存在，这也是由预算定额本身的科学性和指导性决定的。

（五）预算定额是工程结算的依据

工程结算时建设单位和施工单位按照工程进度对已完成的分部分项工程实现货币支付的行为。按进度支付工程款，需要根据预算定额将已完成的分项工程的造价算出。单位工程验收后，再按竣工工程量、预算定额和施工合同规定进行结算，以保证建设单位建设资金的合理使用和施工单位的经济收入。

（六）预算定额是施工企业进行经济活动分析的依据

预算定额规定的物化劳动和劳动消耗指标是施工单位在生产经营中允许消耗的最高标准。施工单位必须以预算定额作为评价企业工作的重要标准，作为努力实现的目标。施工单位可根据预算定额对施工中的劳动、材料、机械的消耗情况进行具体的分析，找出并克服低功效、高消耗的薄弱环节，提高竞争能力。只有在施工中尽量降低劳动消耗，采用新技术，提高劳动者素质，提高劳动生产率，才能取得较好的经济效果。

（七）预算定额是编制概算定额的基础

概算定额是在预算定额基础上综合扩大编制的。利用预算定额作为编制依据，不但可以节省编制工作的大量人力、物力和时间，收到事半功倍的效果，还可以使概算定额在水平上与预算定额保持一致，以免造成执行中的不一致。

（八）预算定额是促进平等竞争，加强建筑市场管理的手段。

在价值规律作用下，可通过预算定额促进平等竞争，规范建筑市场的秩序，加强建筑市场的管理，抑制不正当竞争。对于采用招投标承包制的建设项目或单项工程，以预算定额作为编制标底和标书的基础依据，以保证标底的客观性和施工企业生产消耗的合理补偿，避免建筑市场的混乱与失控。

5.2 预算定额的编制

预算定额的编制

一、预算定额的编制原则

为保证预算定额的质量，充分发挥预算定额的作用，使之在实际使用中简便、合理、有效，在编制中应遵循以下原则：

（一）平均水平的原则

贯彻按社会必要劳动时间确定预算定额水平的原则，对于改善建筑工程的价格管理，保证施工企业得到必要的人力、物力和货币资金的补偿，保证工程质量和施工管理水平都有十分重要的意义。

预算定额的水平以大多数施工单位的施工定额水平为基础。但是，预算定额绝不是简单地套用施工定额的水平。首先，在比施工定额的工作内容综合扩大的预算定额中，也包含了更多的可变因素，需要保留合理的幅度差。其次，预算定额应当是平均水平，而施工定额是平均先进水平，两者相比，预算定额水平相对要低一些，但是应限制在一定范围之内。

(二) 简明适用的原则

预算定额的内容和形式，既要能满足不同用途的需要、具有多方面的适用性，又要简单明了，易于掌握和应用。两者有联系又有区别，简明性应满足适用性的要求。

贯彻这个原则，要特别注意项目设置齐全，项目划分合理，定额步距适当；文字要简明扼要，通俗易懂，同时还应注意计量单位的正确选择、工程量计算的合理与简化。同时为稳定定额水平，统一考核尺度和简化工作.除了变化较多和影响造价较大的因素应允许换算外，定额要尽量少留活口，减少换算工作量，利于维护定额的严肃性。

(三) 技术先进、经济合理的原则

技术先进是指定额项目的确定、施工方法和材料的选择等，能够正确反映建筑技术水平，尽量采用已成熟并得到普遍推广的新技术、新材料、新工艺，以促进生产的提高和建筑技术的发展。

经济合理是指纳入定额的材料规格、质量、数量、劳动效率和施工机械的配备等，既要遵循国家和地方主管部门的统一规定，又要考虑其应是正常条件下大多数企业都能够达到和超过的水平。每次修订和编制消耗量定额时，消耗量定额的总水平应略高于历史上正常年份已经达到的实际水平。

(四) 坚持统一性和差别性相结合的原则

所谓统一性，就是从培育全国统一市场规范计价行为出发，计价定额的制定规划和组织实施由国务院建设行政主管部门统一管理，并负责全国统一定额的制定和修订。通过编制全国统一定额，使建筑安装工程具有一个统一的计价依据，也是考核设计和施工的经济效果具有一个统一的尺度。

所谓差别性，就是在统一性基础上，各部门和省、自治区、直辖市主管部门可以在管辖范围内，根据本部门和本地区的具体情况，制定部门和地区性定额、补充性制度和管理办法，以适应我国幅员辽阔，地区间、部门间发展不平衡和差异大的实际情况。

(五) 专家编审责任制原则

定额的编制工作政策性、专业性强，任务重，贯彻这原则要注意以下问题：

(1)在定额水平的把握上，防止由于水平测算不准确而产生的定额项目之间高低不一的现象，以免给确定建筑产品价格水平带来不利影响。

(2)定额项目应灵敏地反映已经技术成熟并采用新工艺、新结构和新材料的项目，防止由于定额缺项，使定额适用性大大降低。

(3)定额项目划分应贯彻工程实体消耗与工程施工措施性消耗的分离，以满足企业经济核算和按工程个别成本报价的需要。

(4)克服以往临时抽调人员，突击培训，突击性收集、整理资料，任务完成后人员又各奔

东西的现象。那样既不利于按质、按时的完成，也不利于工作经验的积累和专业人员索质的提高。

二、预算定额的编制依据

(1)现行的劳动定额、材料消耗定额、机械台班定额和施工定额。

(2)现行的设计规范、施工验收规范、质量评定标准和安全操作规程。

(3)常用的标准图和已选定的典型工程施工图纸。

(4)成熟推广的新技术、新结构、新材料、新工艺。

(5)施工现场的测定资料、实验资料和统计资料。

(6)过去颁布的预算定额及有关预算定额编制的基础资料。

(7)现行预算定额及基础资料和地区材料预算价格、工资标准及机械台班预算价格。

三、预算定额的编制步骤

预算定额的编制工作大致可分三个阶段，即准备工作、编制定额、修改定稿和报批阶段。各阶段工作互有交叉，有些工作还有多次反复。

(一)准备工作阶段

准备工作阶段包括拟定编制方案，如编制要求、编制原则、适用范围、定额项目划分、表格形式等；抽调人员根据专业需要划分编制小组和综合组，一般可划分为以下各组：土建定额组、设备定额组、混凝土及木构件组、混凝土及砌筑砂浆配合比测算组；调查研究、收集各种编制依据和资料等。

(二)定额编制阶段

1.拟定编制细则。

(1)统一编制表格及编制方法。

(2)统一计算口径、计量单位和小数点位数的要求。

(3)有关统一性的规定：名称统一、用字统一、专业用语统一、符号代码统一、简化字要规范化、文字要简练明确。

2.确定定额的项目划分和工程量计算规则。

3.定额人工、材料、机械台班耗用量的计算、复核和测算。

4.定额水平测算

预算定额征求意见稿编出后，应将新编预算定额与原预算定额进行比较，测算新预算定额水平是提高还是降低，并分析预算定额水平提高或降低的原因。测算方法如下：

(1)按工程类别比重测算。首先在定额执行范围内，选择有代表性的各类工程，分别以新旧定额对比测算，并按测算的年限，以工程所占比例加权，以考察宏观影响。

(2)单项工程比较测算法。以典型工程分别用新旧定额对比测算，以考察定额水平升降及其原因。

(三)修改定额和报批阶段

1.审核定稿

定额初稿的审核工作是定额编制过程中必要的程序，是保证定额编制质量的措施之一。

审稿工作的人选应由具备丰富经验、责任心强、多年从事定额工作的专业技术人员来承担。

审稿主要审核以下内容：

(1)文字表达是否确切通顺，简明易懂；

(2)定额的数字是否准确无误；

(3)章节、项目之间有无矛盾。

定额编制初稿完成以后，需要组织征求各有关方面的意见，通过分析研究反馈意见，在统一意见的基础上整理分类并制定修改方案。按照修改方案，将初稿按照定额的顺序进行修改，要求内容完整、字体清楚，经审核无误后形成报批稿，批准后交付印刷。

2. 撰写编制说明

定额批准后，为顺利贯彻执行，需要撰写出新定额编制说明，主要内容包括：

(1)项目、子目数量。

(2)人工、材料、机械的内容范围。

(3)资料的依据和综合取定情况。

(4)定额中允许换算和不允许换算的规定计算资料。

(5)施工方法、工艺的选择及材料运距的考虑。

(6)各种材料损耗率的取定资料。

(7)调整系数的使用。

(8)其他说明的事项与计算数据、资料。

3. 立档、成卷

定额编制资料是贯彻执行中需查对资料的唯一依据，也为编制定额提供了历史资料数据，应作为技术档案永久保存。

四、预算定额的编制方法

(一)确定预算定额项目名称和工程内容

预算定额项目划分是根据各个分项工程项目的工、料、机消耗水平的不同和工种、材料品种以及使用的施工机械类型的不同而划分的，按施工顺序排列，一般有以下几种划分方法：

(1)按施工现场自然条件划分，如挖土方按土壤的等级划分。

(2)按施工方法不同划分，如混凝土灌注桩分钻孔桩、打孔桩、打孔夯扩桩、人工挖孔桩等。

(3)按照具体尺寸的大小划分，如钢筋混凝矩形柱定额项目划分为：柱断面周长在1.8 m以内和2.6 m以内。

(二)确定预算定额项目计量单位

1. 计量单位确定原则

预算定额项目计量单位的确定，应与定额项目相适应，由于工作内容综合，预算定额的计量单位也具有综合的性质。工程量计算规则的规定应确切反应定额项目所包含的综合工作内容。预算定额计量单位的选择主要是根据分项工程或结构构件的形体特征和变化规律，按公制或自然计量单位确定。见表2-31。

2.计量单位的选择及消耗量小数位数取定

预算定额的计量单位关系到预算工作的繁简和准确性，因此，要根据分项工程或结构构件的形体特征和变化规律特点正确地确定各分部、分项工程的计量单位。预算定额中各项目人工、材料和施工机械台班的计量单位的选择相对比较固定，取定要求见表2-32。

表2-31 预算定额计量单位的选择

序号	构件形体特征及变化规律	计量单位	实例
1	长、宽、高(厚)三个度量均变化	m³	土方、砌体、钢筋混凝土构件等
2	长、宽两个度量变化，高(厚)一定	m²	楼地面、门窗、抹灰、油漆等
3	截面形状、大小固定，长度变化	m	楼梯、扶手、装饰线等
4	设备和材料重量变化大	t 或 kg	金属构件、设备制作安装
5	形状没有规律且难以度量	套、台、座、件(个或组)	铸铁头子、弯头、卫生洁具安装、栓类、阀门等

表2-32 预算定额消耗数量小数位数取定表

序号	项目	计量单位	小数取定	序号	项目	计量单位	小数取定
1	人工	工日	二位小数	4	木材	m³	三位小数
2	机械	台班	二位小数	5	水泥	kg	取整数
3	钢材	t	三位小数	6	其他材料	与产品计量单位保持一致	二位小数

5.3 预算定额人工、材料和机械台班消耗量指标的确定

预算定额人工、材料和机械台班消耗量指标的确定-导学

一、人工消耗量指标的确定

预算定额人工消耗量指标，是指在正常的施工技术、合理的劳动组织和合理使用材料的条件下，完成单位合格的分项工程或结构构件的制作安装所必需消耗的各种用工量的总和。预算定额中的人工消耗指标的确定有两种方法：一种是以劳动定额为基础确定；另一种是以现场观察测定数据为依据来确定。

人材机消耗量指标的确定

(一) 以劳动定额为基础确定

以劳动定额为基础的人工工日消耗量的确定包括基本用工和其他用工。

1.基本用工

基本用工是指完成一定计量单位的分项工程或结构构件制作安装所必需消耗的技术工种用工，按综合取定的工程量和现行全国建筑安装工程统一劳动定额中的时间定额为基础计算，缺项部分可参考地区现行定额及实际的调查资料计算，包括：

（1）完成定额计量单位的主要用工，由于该工时消耗所对应的工作均发生在分项工程的工序作业过程中，各工作过程的生产率受施工组织的影响大，其工时消耗的大小应根据具体的施工组织方案进行综合计算。

例如工程实际中的砖基础，有一砖厚、一砖半厚、二砖厚等之分，不同厚度的砖基础有不同的人工消耗。在编制基础定额时如果不区分厚度，统一按立方米砌体计算，则需要按统计的比例，加权平均得出综合的人工消耗。

（2）按施工定额规定应增（减）计算的人工消耗量，例如在砖墙项目中，分项工程的工作内容包括了附墙烟囱孔、垃圾道、壁橱等零星组合部分的内容，其人工消耗量相应增加附加人工消耗。由于基础定额是在施工定额子目的基础上综合扩大的，包括的工作内容较多，施工的工效视具体部位而不一样，所以需要另外增加人工消耗，而这种人工消耗也可以列入基本用工内。例如：砌砖墙中的砌砖、调制砂浆、运砖等的用工。采用劳动定额综合预算定额项目时，还要增加附墙烟囱、垃圾道砌筑等的用工。

计算公式为

$$基本用工数量 = \sum（综合取定的工程量 \times 相应的劳动定额）$$

2. 其他用工

是指劳动定额中没包括而在预算定额内又必须考虑的工时消耗。其内容包括超运距用工、辅助用工和人工幅度差。

（1）超运距用工。超运距用工是指预算定额项目中考虑的现场材料及成品、半成品堆放地点到操作地点的水平运输距离超过劳动定额规定的运输距离时所需增加的用工量。计算时，先求每种材料的超运距，然后在此基础上根据劳动定额计算超运距用工。其一般计算公式为：

$$超运距 = 预算定额规定的运距 - 劳动定额规定的运距$$

$$超运距用工数量 = \sum（超运距材料数量 \times 相应的劳动定额）$$

（2）辅助用工。辅助用工是指技术工种劳动定额内未包括而在预算定额中又必须考虑的各种辅助工序用工。例如：筛沙子、洗石子、淋石灰膏等的用工。这类用工在劳动定额中是单独的项目，但在编制预算定额时要综合进去。计算公式为

$$辅助用工数量 = \sum（材料加工数量 \times 相应的劳动定额）$$

（3）人工幅度差。是指在劳动定额作业时间中未包括，而在一般正常施工条件下又不可避免的一些零星用工因素。这些因素不能单独列项计算，一般是综合定出一个人工幅度差系数，即增加一定比例的用工量，纳入预算定额。一般包括以下几方面的内容：

①工序搭接和工种交叉配合的停歇时间。

②机械的临时维护、小修、移动而发生的不可避免的损失时间。

③工程质量检查与隐蔽工程验收而影响工人操作时间。

④工种交叉作业，难免造成已完工程局部损坏而增加修理用工时间。

⑤施工中不可避免的少数零星用工所需要的时间。

预算定额的人工幅度差系数一般在10%~15%之间，具体系数取值见表2-33。

人工幅度差计算公式为：

$$人工幅度差（工日） = （基本用工 + 超运距用工 + 辅助用工） \times 人工幅度差系数$$

表 2-33 《全国统一建筑安装工程基础定额》(1995) 人工幅度差系数表

序号	项目	人工幅度差系数/%	序号	项目	人工幅度差系数/%
1	土方	10	6	模板(预制)	10
2	砌筑	15	7	木门窗制作	8
3	脚手架	12		木门窗安装	10
4	混凝土(含现浇、预制)	10	8	楼地面	10
5	钢筋(含现浇、预制)	10	9	装饰	15
6	模板(现浇)	15		装饰(油漆)	10

预算定额分项工程人工消耗量指标(工日)=基本用工+其他用工

=基本用工+超运距用工+

辅助用工+人工幅度差用工

或 预算定额分项工程人工消耗量指标(工日)=(基本用工+超运距用工+辅助用工)

×(1+人工幅度差系数)

(二) 以现场观察测定数据为依据确定

当遇到施工定额缺项时,应首先采用这种方法。即运用时间研究的技术,通过对施工作业过程进行观察测定作业地区的数据,并在此基础上编制施工定额,从而确定相应的人工消耗量标准。在此基础上,再用第一种方法来确定预算定额的人工消耗指标。

这种方法是通过对施工作业过程进行观察测定工时消耗数值,再加一定人工幅度差来计算预算定额的人工消耗量。它适用于劳动定额缺项的预算定额项目编制。

二、材料消耗量指标的确定

预算定额中的材料消耗量指标是指完成一定计量单位的分项工程或结构构件所必需消耗的各种实体性材料和各种措施性材料的数量。

(一) 材料消耗量指标的分类

按用途划分为以下四种:

1. 主要材料

主要材料是指工程中使用量大能直接构成工程实体的材料,包括成品、半成品等。如砖、水泥、砂子等。

2. 辅助材料

辅助材料也直接构成工程实体,是除主要材料外的其他材料。如铁钉、铅丝等。

3. 周转材料

周转材料是指在施工中能反复周转使用,但不构成工程实体的工具性材料。如脚手架、模板等。

4. 其他材料

其他材料是指在工程中用量较少，难以计量的零星材料。如线绳、棉纱等。

（二）材料消耗指标的作用

在建筑安装工程成本中，材料费占70%左右。用科学的方法，正确规定材料消耗指标，对于合理使用材料、减少浪费、降低工程成本，以及保证正常施工等具有十分重要的意义。材料消耗指标是施工企业组织管理、加强经济核算的重要依据，其具体作用主要有：

（1）材料消耗指标是施工企业确定工程材料需要量和储备量的依据。

（2）材料消耗指标是施工企业编制材料需要量计划的基础。

（3）材料消耗指标是施工项目经理部对工人班组签发限额领料单、考核和分析材料利用情况的依据。

（4）材料消耗指标是实行材料核算，推行经济责任制，促进材料合理使用的重要手段。

（三）施工定额与预算定额中材料消耗指标的差异

预算定额材料消耗指标的确定方法与施工定额相应内容基本相同，但由于预算定额中分项子目内容已经在施工定额基础上作了某些综合，有些工程量计算规则也作了调整，因此，材料消耗指标也有了变化。两种定额材料消耗指标在定额编制形式上的差异主要有以下两个方面：

（1）施工定额中材料消耗反映的是平均先进水平，预算定额中材料消耗量指标反映的是平均水平，二者水平差对主要材料是通过不同的损耗率来体现，对周转材料可通过周转补损率和周转次数来体现。即编制预算定额时应采用比施工定额较大的损耗率，周转材料周转次数应按平均水平确定。

（2）预算定额的某些分项内容比施工定额的内容具有较大的综合性。例如某些地区预算定额—砖墙砌体就综合了施工定额中的双面清水墙、单面清水墙和混水墙的用料，以及附属于内墙中的烟囱、孔洞等结构的加工材料。因此编制预算定额材料消耗量指标时应根据定额分项子目内容进行相应综合。

预算定额的材料消耗指标一般由材料净用量和损耗量构成。材料净用量、损耗量以及周转材料的摊销量具体确定方法已在前面章节中详细介绍，在此不再重述。

三、机械消耗指标的确定

机械台班消耗量指标的确定是指完成一定计量单位的分项工程或结构构件所必需的各种机械台班的消耗数量。基础定额施工机械台班消耗指标的计算具体分以下两种情况：

（一）配合劳动班组使用的机械台班消耗数量的确定

配合使用机械，是指以人工操作为主，配备给施工班组使用的机械为辅的机械。中、小型施工机械是按小组配备，其台班产量受小组产量制约，故应以小组产量计算台班产量，不另增加机械幅度差。如垂直运输用塔吊、卷扬机，以及砂浆、混凝土搅拌机等。其计算公式为：

$$分项定额机械台班使用量 = \frac{分项定额计算单位值（或加工量）}{小组总产量}$$

式中：小组总产量＝产量定额×小组人数。

或：
$$分项定额机械台班使用量 = \frac{分项定额计量单位}{台班总产量}$$

（二）以劳动定额为基础的机械台班消耗量的确定

该种方法适用于独立使用机械台班消耗数量的确定。独立使用机械，就是指在施工过程中，以机械作业为主、人工为辅的大型机械（比如土石方工程施工中的推土机、挖掘机，桩基工程施工中的打桩机，安装工程施工中构件吊装用起重机等）或专用机械（比如地基夯实施工过程中的蛙式打夯机、楼地面水磨石施工过程中用水磨石机械等）。独立使用机械在预算定额的台班消耗指标应在劳动定额相应的机械台班定额基础上增加机械幅度差计算，其计算公式为：

$$预算定额机械台班消耗量 = 劳动定额中机械台班用量 + 机械幅度差$$
$$= 劳动定额中机械台班用量 \times (1+机械幅度差系数)$$

机械幅度差是指劳动定额规定范围内没有包括，但实际施工中又发生，必须增加的机械台班用量。主要考虑以下内容：

（1）正常施工条件下不可避免的机械空转时间。

（2）施工技术原因的中断及合理停置时间。

（3）因供电供水故障及水电线路移动检修而发生的运转中断时间。

（4）因气候变化或机械本身故障影响工时利用的时间。

（5）施工机械转移及配套机械相互影响损失的时间。

（6）配合机械施工的工人因与其他工种交叉造成的间歇时间。

（7）因检查工程质量造成的机械停歇的时间。

（8）工程收尾和工作量不饱满造成的机械间歇时间。

占比重不大的零星小型机械按劳动定额小组成员计算出机械台班使用量，以"机械费"或"其他机械费"表示，不再列台班数量。大型机械的幅度差系数规定见表2-34。

表2-34　大型机械的幅度差系数规定

序号	机械名称	系数	序号	机械名称	系数
1	土石方机械	25%	4	钢筋加工机械	10%
2	吊装机械	30%	5	木作、小磨石、打夯机械	10%
3	打桩机械	33%	6	塔式起重机、卷扬机、砂浆、混凝土搅拌机	0

四、预算定额编制示例

【例2-26】计算10 m³一砖混水砖墙人工、材料、机械台班消耗量，编制出定额项目表。

【解】 （一）确定项目几个要素

1）项目（子目）名称：混水砌墙、一砖厚。

2）工程内容：调制砂浆、运砖、运砂浆，砌砖。砌砖包括窗台虎头砖、腰线、门窗套，安放木砖、铁件、钢筋等。

3)计量单位：10 m³。

4)施工方法：砌筑采用手工操作，砂浆用砂浆搅拌机搅拌，水平运输采用双轮手推车等。材料现场内运输距离：根据施工组织设计确定砂子为 80 m、石灰膏为 150 m，砖为 170 m、砂浆为 180 m。

5)有关含量：综合取定 1 砖混水内墙占 50%，混水外墙占 50%，经过若干个典型工程施工图样测算，内墙梁头、梁垫占墙体体积百分率为：0.376%，外墙梁头、梁垫占墙体体积百分率为：0.058%，0.3 m² 以内孔洞占 0.01%，凸出部分占 0.336%。

6)考虑如下加工因素：每 10 m³ 砖墙中，含有墙心烟囱孔、附墙烟囱及孔 3.4 m；弧形及圆形璇 0.6 m，预留构造柱孔 3 m，外墙门窗洞口面积超过 30%(门窗洞口面积占外墙总面积)，每立方米增加 0.06 工日。

(二)确定消耗量指标

(1)人工消耗指标的确定

根据上述测算的有关数据及劳动定额，计算预算定额砌砖工程材料超运距，计算过程见表 2-35，根据《建设工程劳动定额》(2008)计算预算定额砌一砖混水墙项目人工工日消耗指标，见表 2-36。

表 2-35　预算定额砌砖工程材料超运距计算表　　　　　　　　　　　　　　　　m

材料名称	预算定额运距	劳动定额运距	超运距	材料名称	预算定额运距	劳动定额运距	超运距
砂子	80	50	30	普通砖	170	50	120
石灰膏	150	100	50	砂浆	180	50	130

表 2-36　预算定额混水砖墙(一砖)项目人工工日计算表　　　　　　　　　　10 m³

用工	施工过程名称	工程量	单位	劳动定额编号	工种	时间定额	工日数
	混水外墙	5.0	m³	AD0022	砖工	1.02	5.100
	混水内墙	5.0	m³	AD0027	砖工	1.09	5.440
	小计						10.540
	外墙门窗洞口面积>30%	5.0	m³	表3	砖工	0.06	0.3
	墙心烟囱孔、附墙烟囱及孔	3.4	m	表3	砖工	0.05	0.17
	弧形及圆形璇	0.6	m	表3	砖工	0.03	0.018
	预留构造柱孔	3	m	表3	砖工	0.05	0.15
	小计						0.638
	合计						11.178

续表2-36

用工	施工过程名称	工程量	单位	劳动定额编号	工种	时间定额	工日数
超运距用工	砂子超运30 m	2.43	m³	AA0065	普工	0.15	0.365
	石灰膏超运50 m	0.19	m³	AA0063	普工	0.385	0.073
	标准砖超运120 m	5.349	千块	AA0059	普工	0.383	2.048
	砂浆超运130 m	2.29	m³	AA00148	普工	0.422	0.966
	合计						3.452
辅助工	筛砂子	2.43	m³	AA0257	普工	0.306	0.744
	合计						0.744
共计	人工幅度差=（11.178+3.452+0.744）×10%=1.54（工日）						
	定额用工=11.178+3.452+0.744+1.537=16.910（工日）						

注：10 m³一砖混水墙的标准砖5.349千块，砂浆2.29 m³，砂子定额用量为2.43 m³，石灰膏用量为0.19 m³。

（2）材料消耗量指标的确定

1）计算10 m³一砖混水墙标准砖净用量

$$砖净用量=\frac{1}{0.24×(0.24+0.01)×(0.053+0.01)}×2×10=5291（块）$$

2）计算10 m³砌体中考虑应增减体积后砖的净用量

经测算，内墙梁头、梁垫占墙体体积百分率为0.376%，外墙梁头、梁垫占墙体体积百分率为0.058%，0.3 m²以内孔洞占0.01%，凸出部分占0.336%。内外墙比例各占50%。扣除梁头、梁垫及0.3 m²以内孔洞、并入凸出部分所占体积后的标准砖净用量为

标准砖净用量=5291×50%×[（1-0.376%）+（1-0.058%）]+5291×（0.336%-0.01%）
= 5296.3（块）

3）计算10 m³一砖混水墙砌筑砂浆净用量

砂浆净用量=（1-529.1×0.24×0.115×0.053）×10 m³=2.26（m³）

4）计算10 m³砌体中考虑应增减体积后砂浆净用量

砂浆净用量=2.26×50%×[（1-0.376%）+（1-0.058%）]+2.26×（0.336%-0.01%）
= 2.262（m³）

5）材料总的消耗量

查损耗率表，普通粘士砖损耗率1%，砖墙体砌筑砂浆损耗率为1%，则

标准砖消耗量=5296.3×（1+1%）=5349（块）

砌筑砂浆消耗量=2.262×（1+1%）=2.285（m³）

（3）机械台班消耗指标的确定

预算定额项目中配合工人班组施工的施工机械台班按小组产量计算。

按劳动定额规定，砌砖工程的小组人数为22人。根据典型工程测算，一砖混水墙取定的比重是：混水内、外墙各占50%。查劳动定额：一砖混水内墙为0.98 m³/工日，一砖混水外墙为0.917 m³/工日，则

小组总产量=22×（50%×0.98+50%×0.917）=20.87（m³）

200 L砂浆搅拌机时间定额=10/20.87=0.479（台班）

（三）形成预算定额项目表

根据计算的人工、材料、机械台班消耗指标编制一砖内墙的预算定额项目表，见表 2-37。

表 2-37　预算定额项目表

工程内容：略   10 m³

定额项目编号					
项目		单位	内墙		
			1 砖	3/4 砖	1/2 砖
人工	综合工日	工日	16.91	…	…
材料	普通黏土砖	千块	5.349	…	…
	砂浆	m³	2.29	…	…
机械	砂浆搅拌机 200 L	台班	0.479	…	…

五、定额项目表示例

表 2-38 是原建设部 2015 年颁发的《房屋建筑与装饰工程消耗量定额》（TY01—31—2015）地基处理与基坑支护工程分部工程中砂石桩定额项目表。

表 2-38　砂石桩定额项目表

工作内容：准备机具，移动桩机，打钢管成孔，灌注砂石，振实，拔钢管。   10 m³

定额编号				2-42	2-43	2-44
项目				碎石桩		
				桩长≤10 m	桩长≤15 m	桩长>10 m
名称			单位	消耗量		
人工	综合工日		工日	10.957	8.182	7.762
	其中	普工	工日	3.287	2.455	2.329
		一般技工	工日	6.574	4.909	4.657
		高级技工	工日	1.096	0.818	0.776
材料	碎石 20~40		m³	13.260	13.260	13.260
	板枋材		m³	0.046	0.046	0.046
	草绳		m³	5.150	5.150	5.150
	金属材料（摊销）		千块	6.355	6.355	6.355

定额编号			2-42	2-43	2-44
机械	振动沉拔桩机 300KN	台班	1.070	—	—
	振动沉拔桩机 400KN	台班	—	0.760	—
	机动翻斗车 1t	台班	1.070	0.760	0.720

5.4 单位估价表(定额基价)的编制

建筑工程预算定额在各地区的价格表现形式为单位估价表,单位估价表又称工程预算单表,是以货币的形式确定定额计量单位某分部分项工程或者结构构件直接费用的文件。它是根据预算定额所确定的人工、材料和机械台班消耗数量,乘以人工工资单价、材料预算价格和机械台班预算价格汇总而成。

单位估价表(定额基价)的编制-导学

单位估价表最明显的特点是地区性强,所以也称为地区单位估价表,不同地区分别使用各自的单位估价表,不能互通互用。单位估价表的地区特点是由人工单价和材料、机械台班预算价格的地区性决定的。

一、单位估价表的编制依据

(1)全国统一建筑工程基础定额或消耗量定额。

(2)本地区现行人工工资水平。

(3)本地区现行(一般取定省会城市)建筑工程材料预算定额。

(4)全国统一施工机械台班费用定额和地区调整费用定额。

(5)省(直辖市、自治区)近期编制的补充定额。

(6)国家或地区有关规定。

二、单位估价表的作用

(1)是编制和审查建筑安装工程施工图预算,清单计价,确定工程造价的主要计价依据。

(2)是建设单位拨付工程进度款和工程价款结算的依据。

(3)在招标投标阶段,是编制标底及投标报价的依据。

(4)是设计单位对设计方案进行技术经济分析比较的依据。

(5)是施工单位实行经济核算,考核工程成本的依据。

(6)是制定概算定额、概算指标的依据。

三、单位估价表的编制方法

编制单位估价表就是把三种量、价分别结合起来,得出各分项工程人工费、材料费和施工机械使用费,最后汇总起来就是工程预算单价,即基价。

每一定额计量单位分项工程预算单价计算公式如下:

$$预算单价 = \sum (工、料、机消耗量×相应的预算价格)$$
$$=人工费+材料费+机械使用费$$

其中：人工费=综合工日数量×日工资标准；

材料费 $= \sum$ （材料数量×相应的材料预算价格）；

机械使用费 $= \sum$ （机械台班数量×相应的施工机械台班预算价格）。

地区统一单位估价表编制出来以后，就形成了地区统一的工程预算单价。这种单价是根据现行定额和当地的价格水平编制的，具有相对的稳定性。但是为了适应市场价格的变动，在编制预算时，必须根据工程造价管理部门发布的调价文件对固定的工程预算单价进行修正。修正后的工程单价乘以根据图纸计算出来的工程量，就可以获得符合实际市场情况的工程的基本直接费。

【例 2-27】某省单位估价表如表 2-39 所示，试确定计算定额子目 A4-1 的定额基价。

【解】　如表 5-9 所示，其中定额子目 A4-1 的定额基价计算过程为：

定额人工费 $= 2460.35$ (元/10 m^3)

定额材料费 $= 7,659×395.54+2.36×590.38+1.050×4.39+132.821×1$
$$= 4560.17(元/10\ m^3)$$

定额机械费 $= 0.236×236.27 = 55.76(元/10\ m^3)$

定额基价 $= 2460.35+4560.17+55.76 = 7076.28(元/10\ m^3)$

表 2-39　某省单位估价表

10 m^3

编号			A4-1	A4-2	A4-3	A4-4
项目			砖基础	单面清水墙		
				1/2 砖	3/4 砖	1 砖
基价（元）			7076.28	8069.01	8048.46	7553.24
其中	人工费		2460.35	3470.14	3414.23	2960.31
	材料费		4560.17	4552.80	4583.90	4539.77
	机械费		55.76	46.07	50.33	53.16
	名称	单位	单价	数量		
材料	标准砖 240×115×53	m^3	395.54	7.659	8.252	8.060	7.773
	预拌干混砌筑砂浆 DM M10.0	m^3	590.38	2.36	1.950	2.130	2.250
	水	t	4.39	1.050	1.130	1.100	1.060
	其他材料费	元	1.00	132.821	132.606	133.512	132.226
机械	干混砂浆罐式搅拌机 200 L	台班	236.27	0.236	0.195	0.213	0.225

说明：黑体字部分为单位估价表的内容。

5.5 预算定额(手册)的组成及应用

一、预算定额(手册)的组成

建筑工程预算定额是在实际应用过程中发挥作用的。要正确应用预算定额,必须全面了解预算定额的组成。为了快速、准确地确定各分项工程(或配件)的人工、材料和机械台班等消耗指标及金额标准,需要将建筑装饰工程预算定额按一定的顺序,分章、节、项和子目汇编成册。预算定额(手册)由消耗量定额和单位估价表及工程量计算规则组成。消耗量定额主要由总说明、分部说明、定额项目表和定额附录(附表)四部分组成。

(一)总说明

总说明一般包括定额的编制原则、编制依据、指导思想、适用范围及定额的作用,同时说明了编制定额时已经考虑和没有考虑的因素,使用方法和有关规定,对名词符号的解释等。因此,使用定额前应仔细阅读总说明的内容。

(二)建筑面积计算规则

建筑面积是核算工程造价的基础,是分析建筑工程技术指标的重要数据,是编制计划和统计工作的指标依据。因此必须根据国家有关规定,对建筑面积的计算规则做出统一的规定。

(三)分部工程定额

《全国统一建筑工程基础定额》(1995)按工程结构类型,结合形象部位,全册划分为12个分部工程。排列顺序如下:

(1)土石方工程。

(2)桩基础工程。

(3)脚手架工程。

(4)砌筑工程。

(5)混凝土及钢筋混凝土工程。

(6)构件运输及安装工程。

(7)门窗及木结构工程。

(8)楼地面工程。

(9)屋面及防水工程。

(10)防腐、保温、隔热工程。

(11)装饰工程。

(12)金属结构制作工程。

分部工程定额由分部工程说明、工程量计算规则和定额项目表三部分组成。它是预算定额手册的主要组成部分,是执行定额的基准,必须全面掌握。

1.分部工程说明

主要说明使用本分部工程定额时应注意的有关问题。对编制中有关问题的解释、执行中的一些规定、特殊情况的处理等的说明。是预算定额的重要组成部分,必须全面掌握。

2. 工程量计算规则

对本分部工程中各分项工程工程量的计算方法所作的规定,它是编制预算时计算分项工程工程量的重要依据。

3. 定额项目表

定额项目表是预算定额的主要构成部分,由工作内容、定额单位、定额项目表和附注组成。定额项目表示例见表 2-40:

(1)工作内容。列在定额项目表的表头左上方,列出表中分项工程定额项目的主要工作过程。

(2)定额单位。列在表头右上方,一般为扩大计量单位,如 10 m³、100 m²、100 m³ 等。

(3)定额项目表。这是预算定额的核心部分,是定额最基本的表现形式,每一定额表均列有项目名称、定额编号、计量单位、定额消耗量等。在某些地方性的预算定额中,还包含了基价的内容。在表中,横向是由若干个项目和子项目组成;表中竖向,是由"三个量"(人工、材料、机械台班消耗量)和"三个价"(人工费、材料费、机械费)及基价(地方定额)组成。

(4)附注。对项目表中的子项目进一步说明和补充。

(四) 附录

附录列在预算定额的最后,各省、市、自治区编入的内容不同,一般包括:每 10 m³ 混凝土模板含量参考表、混凝土及砂浆配合比表和主要材料、成品、半成品损耗率表、建筑材料预算价格表等,主要用于定额的换算,材料消耗量的计算、调整和制定补充定额的参考依据等。

表 2-41、2-42 为《湖南省房屋建筑与装饰工程消耗量标准(基价表)》(2020)的附录(摘录)示例。

表 2-40 梁混凝土定额表

工作内容:浇前准备,浇筑,振捣,养护。 10 m³

编号			A5-95	A5-96	A5-97	A5-98
项目			基础梁	单梁、连续梁	异形梁	拱形梁
基价			6418.65	6426.74	6461.16	6728.19
人工费			365.45	378.76	404.12	641.39
材料费			6053.20	6047.98	6057.04	6086.80
机械费			—	—	—	—
名称	单位	单价	数量			
材料	商品混凝土(砾石)C30	m³	571.81	10.150	10.150	10.150	10.150
	单层养护膜	m²	1.10	31.765	29.750	36.150	49.899
	土工布	m²	6.86	3.168	2.720	3.610	4.556
	水	t	4.39	3.040	3.090	2.100	3.759
	电	kW·h	0.80	3.750	3.750	3.750	3.750
	其他材料费	元	1.00	176.307	176.155	176.419	177.286

表 2-41　附录一　湖南省施工机械台班费用构成（混凝土及砂浆机械部分）

编码	机械名称	规格型号	机型	台班单价	费用组成								
					折旧费/元	检修费/元	维护费/元	安拆费及场外运输/元	其他费用/元	人工费/元	汽油 8.72	柴油 7.16	电 0.80
J6-8	混凝土输送泵	输送量/(m³·h⁻¹)	45 大	890.49	325.850	54.230	75.380	80.260		160.000			243.460
J6-9			60 大	1018.19	357.485	59.500	82.705	80.260		160.000			347.800
J6-10	混凝土布料机		小	169.39	74.080	12.760	33.600	4.210					55.920
J6-11	混凝土湿喷机	生产率/(m³·h⁻¹) 5	小	388.79	24.700	4.380	17.827	9.560		320.000			15.400
J6-12	灰浆搅拌机	拌桶容量/L 200	小	182.80	3.101	0.438	1.750	10.622		160.000			8.610
J6-13		400	小	189.97	4.222	0.597	2.389	10.622		160.000			15.170
J6-14	干混砂浆罐式搅拌机	200 L	小	236.27	27.906	5.063	9.872	10.622		160.000			28.510

表 2-42　附录二　混凝土及砂浆配合比（部分）

编号			H1-1	H1-2	H1-3	H1-4	H1-5	H1-6
项目			现场现拌普通混凝土					
			坍落度 45 以下					
			砾 40					
			C10	C15	C20	C25	C30	C35
			水泥 42.5					
基价/元			453.88	472.71	483.68	484.74	503.05	535.24
其中	人工费		—	—	—	—	—	—
	材料费		453.88	472.71	483.68	484.74	503.05	535.24
	机械费		—	—	—	—	—	—
	名称	单位	单价	数量				
材料	普通硅酸盐水泥（P·O）42.5级	kg	0.51	206.710	281.010	293.250	333.200	393.720	434.750
	中净砂(过筛)	m³	272.03	0.688	0.614	0.659	0.588	0.523	0.543
	砾石最大粒径 40 mm	m³	203.85	0.788	0.793	0.756	0.796	0.781	0.810
	水	t	4.39	0.152	0.164	0.169	0.172	0.177	0.157

二、预算定额的应用

应用预算定额之前，首先要认真学习预算定额的有关说明、规定，熟悉基础定额。在预算定额的应用中，一般分为定额的直接套用、定额的换算和编制补充定额三种情况。

(一)预算定额的直接套用

当施工图的设计要求、项目内容与预算定额的项目内容完全一致时，可直接套用预算定额计算直接工程费。

直接套用定额时可按分部工程-定额节-定额项目表-子项目的顺序找出所需项目。在编制单位工程施工图预算的过程中，大多数项目是可以直接套用预算定额的，套用时应注意以下几点选用规则：

1. 项目名称的确定

在工程量计算过程中，对每一工程项目的名称都应确定下来。其确定原则是：设计规定的做法和要求必须与定额的做法和工作内容相符才能直接套用，否则必须根据有关规定进行换算或者补充；

2. 定额项目的划分

预算定额的项目划分是根据各个工程项目的人工、材料、机械消耗水平的不同和工具、材料品种以及使用的机械类型不同而划分的。选择定额时，要从工程内容、技术特征和施工方法上仔细核对，才能准确地确定相对应的定额项目；

3. 计量单位的变化

预算定额在编制时，为了保证预算价值的精确性，对某些价值较低的工程项目采用了扩大计量单位的办法。如抹灰工程的计量单位，一般采用 $100 \, m^2$；在使用时，一定要注意分项工程的名称和计量单位要与预算定额相一致。预算定额项目基本上是扩大的计量单位，要注意把分项工程量转变成定额计量单位的数量。

4. 定额项目的工作内容

选择定额时要注意定额项目表上的工作内容，工作内容中所列出的施工过程已包括在定额基价内，编制预算时不能重复列项。

5. 附注说明

查阅定额时应注意定额项目表下面的附注，附注作为定额项目表的补充与完善，套用时必须严格执行。

预算定额直接套用举例

【例 2-28】试求 $120 \, m^3$ 基础梁(采用 C30、砾石 40 商品混凝土)所需要的人工、材料和机械台班消耗量。

【解】　根据表 2-40 中定额 A5-95：人工费：$120 \, m^3 \times 365.45 \, 元/10 \, m^3 = 4385.4(元)$

材料：商品混凝土(砾石)C30：$120 \, m^3 \times 10.15 \, m^3/10 \, m^3 = 121.8(m^3)$

单层养护膜：$120 \, m^3 \times 31.765 \, m^2/10 \, m^3 = 381.18(m^2)$

土工布：$120 \, m^3 \times 3.168 \, mm^2/10 \, m^3 = 30.016(m^2)$

水：$120 \, m^3 \times 3.040 \, m^3/10 \, m^3 = 36.48(m^3)$

电：$120 \times 0.80 kw \cdot h/10 \, m^3 = 9.6(kW \cdot h)$

其他材料费：120×176.307 元/10 m³ = 2115.684(元)

机械台班：无

(二) 预算定额的换算

当套用预算定额时，如果工程项目内容与套用相应定额项目的要求不相符合，不能直接使用定额中的数据。当定额规定允许换算时，可在定额规定的范围内进行换算，从而使施工图纸的内容与定额中的要求相一致，这个过程称为定额的换算。经过换算后的项目，要在其定额编号后加注"换"字，以示区别。

1. 预算定额的换算原则

为了保持定额的水平，在预算定额的说明中规定了有关的换算原则，一般包括：

(1) 定额的砂浆、混凝土强度等级。如设计与定额不同时，允许按定额附录的砂浆、混凝土配合比表换算，但配合比中的各种材料用量不得调整。

(2) 定额中抹灰项目已考虑了常用厚度，各层砂浆的厚度一般不作调整。如果设计有特殊要求时，定额中工、料可以按厚度比例换算或者按照定额中相应说明进行调整。

(3) 必须按预算定额中的各项规定换算定额。

2. 预算定额的换算方法

(1) 乘系数换算法

在定额允许换算的项目中，有许多项目都是利用乘系数换算的方法进行换算的。

1) 乘系数换算法：乘系数换算法是按定额规定，将原基础定额中人工、材料、机械中的一项或多项乘以规定系数的换算方法。其换算公式为：

$$换算定额人工综合工日数 = 原定额人工综合工日数×系数$$

$$换算定额某种材料消耗量 = 原定额某种材料消耗量×系数$$

$$换算定额某种机械台班量 = 原定额某种机械台班量×系数$$

2) 湖南省预算定额规定允许乘系数换算的工程项目举例如下：

① 土石方工程中允许换算的项目：

a. 挡土板支撑下挖土方，按本章相应项目乘以系数 1.35，支撑搭设前所挖土方不乘系数。

b. 机械土(石)方按自然地面以下 5.0 m 深编制；深度超过 5.0 m 且在 15.0 m 以内的部分，可按相应项目的人工、机械乘以系数 1.20。

c. 房心土回填按本章槽坑回填土子目执行，且人工乘以系数 0.90。

【例 2-29】 人工挖基槽土方 200 m³，槽深 2 m，普通土，施工时需两面支挡土板，其中挡土板支撑下挖土 80 m³。计算需要消耗的人工费？

【解】 根据湖南省建筑工程消耗量标准，挡土板支撑下挖土需要换算。根据表 2-43(定额摘录)套用定额子目：A1-3，

表 2-43　人工挖槽、坑土方

100 m³

编号		A1-3	A1-4
项目		深度≤2 m	
		普通土	坚土
基价		3407.36	8567.68
其中	人工费	3407.36	8567.68
	材料费	—	—
	机械费	—	—

调整后定额人工费 = 3407.36×1.35 = 4599.94(元/100 m³)

需要消耗的人工费 = 120/100×3407.36+80/100×4599.94 = 7768.78(元)

【课外作业】将本省定额中需要进行系数换算的内容进行分类列表。

(2)材料变化的消耗量定额换算

在预算定额允许换算的项目中，有许多项目是由于材料的种类、规格、数量、配合比等发生变化而引起的定额换算。

预算定额换算的方法：

①混凝土、砂浆强度等级及砂浆配合比不同时的换算：当预算定额中混凝土或砂浆的强度等级与施工图的设计要求不一致时，按下列公式进行换算定额基价：

换算后的定额基价 = 换算前定额基价 + 换入材料的费用 - 换出材料的费用

= 换算前的定额基价 + 应换算材料的定额用量×(换入材料单价 - 换出材料单价)

其换算的步骤如下：

a.从混凝土、砂浆配合比表中找出该分项工程项目与其相应定额规定不相符并需要进行换算的不同强度等级混凝土、砂浆每立方米的单价。

b.计算两种不同强度等级混凝土或砂浆单价的价差。

c.从定额项目表中找出该分项工程需要进行换算的混凝土或砂浆定额消耗量及该分项工程的定额基价。

d.计算该分项工程由于混凝土或砂浆强度等级(配合比)的不同而影响定额原基价的差值。

e.计算该分项工程换算后的定额基价。

【例 2-30】　某工程中混凝土异形梁采用 C40 商品混凝土(42.5级，砾40)浇筑，已知 C40 商品混凝土(42.5级，砾40)定额单价为 616.59 元/m³，确定该异形梁定额基价。

【解】　根据表 2-40 中定额 A5-95 可知，原定额中混凝土为 C30 商品混凝土，根据施工要求需换成 C40 商品混凝土。

换算后定额基价

= 换算前的定额基价 + 应换算材料的定额用量×(换入材料单价 - 换出材料单价)

= 6461.16 + 10.15×(616.59 - 571.81)

=6915.68(元)

【例 2-31】 某工程采用预拌干混砌筑砂浆 DM M5.0 砌筑单面清水一砖墙，根据砖墙定额项目表(表 2-44)，确定定额基价。已知预拌干混砌筑砂浆 DM M5.0 定额单价为 562.15 元/m³。

表 2-44　砖墙定额项目表

工作内容：1.砖墙：调、运、铺砂浆、运砖
2.砖砌：窗台虎头砖、腰线、门窗套，安放木砖、铁件等。

编号			A4-7	A4-8	A4-9	A4-10
项目			单面清水墙			
			1/4 砖	1/2 砖	3/4 砖	1 砖
基价/元			8910.71	7768.68	7721.18	7145.72
其中	人工费		4489.81	3169.81	3086.95	2501.46
	材料费		4393.02	4552.80	4583.90	4591.10
	机械费		27.88	46.07	50.33	53.16
	名称	单位	单价	数量		
材料	标准砖 240×115×53	m³	395.54	9.008	8.252	8.060	7.899
	预拌干混砌筑砂浆 DM M10.0	m³	590.38	1.180	1.950	2.130	2.250
	水	t	4.39	1.230	1.130	1.100	1.060
	其他材料费	元	1.00	127.952	132.606	133.512	133.721
机械	干混砂浆罐式搅拌机 200 L	台班	236.27	0.118	0.195	0.213	0.225

【解】根据表 2-44 中定额 A4-10 可知，原定额中采用预拌干混砌筑砂浆 DM M10.0，需换算成预拌干混砌筑砂浆 DM M5.0，

换算后定额基价 = 7145.72 + 2.250 × (562.15 - 590.38)

= 7145.72 - 63.52

= 7082.20 元

【例 2-32】已知某工程采用 1:2 水泥砂浆抹砖墙面(底 13 厚，面 7 厚)，1:2 水泥砂浆预算价为 230.02 元/m³。试根据表 2-45、表 2-46 确定其基价和材料用量。

表 2-45　建筑工程预算定额(摘录)

工作内容：略

定额编号			定-5	定-6
定额单位			100 m²	100 m²
项目	单位	单价/元	C15 混凝土地面面层(60 厚)	1:2.5 水泥砂浆抹砖墙面(底 13 厚、面 7 厚)

126

续表2-45

				1523.78	1273.44
	基　价	元	—	1523.78	1273.44
其中	人工费	元	—	665.00	770.00
	材料费	元	—	833.51	451.21
	机械费	元	—	25.27	52.23
人工	基本工	工日	50.00	9.20	13.40
	其他工	工日	50.00	4.10	2.00
	合计	工日	50.00	13.30	15.40
材料	C15混凝土(0.5-4)	m³	136.02	6.06	
	1:2.5水泥砂浆	m³	210.72		2.10(底:1.39 面:0.71)
	其他材料费	元			
	水	m³	0.60	15.38	6.99
机械	200 L砂浆搅拌机	台班	15.92		0.28
	400 L混凝土搅拌机	台班	81.52	0.31	
	塔式起重机	台班	170.61		0.28

表2-46　抹灰砂浆配合比表(摘录)　　　　　　　　　　　　　　　m³

定额编号			附-5	附-6	附-7	附-8
项目	单位	单价/元	水泥砂浆			
			1:1.5	1:2	1:2.5	1:3
基价	元		254.40	230.02	210.72	182.82
材料 32.5级水泥	kg	0.30	734	635	558	465
中砂	m³	38.00	0.90	1.04	1.14	1.14

【解】根据表2-45，表2-46，设计要求的配合比与定额中配合比不同，但设计厚度相同，砂浆用量不变，所以换算后定额基价 = 1273.44+2.10×(230.02-210.72)

$$= 1273.44 + 2.10 \times 19.30$$

$$= 1313.97(元/100\ m^2)$$

换算后的材料用量(每100 m²)

32.5级水泥：2.10×635 = 1333.50(kg)

中砂：2.10×1.04 = 2.184(m³)

②材料用量发生变化

此类换算常见于抹灰项目和楼地面厚度与定额厚度不同时，材料用量发生改变，使得人工和机械的消耗量发生改变，因而人工费、材料费和机械费均要换算，换算公式为：

换算后定额基价 = 原定额基价+(定额人工费+定额机械费)×($K-1$)+$\sum$(各层换入砂浆用量×换入砂浆基价-各层换出砂浆用量×换出砂浆基价)

式中：K——人工、机械费换算系数，且 K=设计抹灰砂浆总厚÷定额抹灰砂浆总厚

各层换入砂浆用量=(设计砂浆厚度÷定额砂浆厚度)×定额砂浆用量

各层换出砂浆用量=定额砂浆用量

【例 2-33】 某砖墙面抹水泥砂浆，其中 1∶3 水泥砂浆底 15 厚，1∶2.5 水泥砂浆面 7 厚。试根据表 2-45、表 2-46 确定其定额基价和材料用量(每 100 m²)。

【解】 设计抹灰厚度发生了变化，故用公式换算。根据表 2-45、表 2-46：

工机费用换算系数 K=(15+7)/(13+7)=22/20=1.10

1∶3 水泥砂浆用量=(1.39/13)×15=1.604(m³)

1∶2.5 水泥砂浆用量不变。

换算后定额基价 = 1273.44+(770.00+52.23)×(1.10-1)+1.604×182.82-1.39×210.72

= 1273.44+822.83×0.10+293.24-292.90

= 1356.00(元/100 m²)

换算后材料用量(每 100 m²)

32.5 级水泥：1.604×465+0.71×558=1142.04(kg)

中砂：1.604×1.14+0.71×1.14=2.638(m³)

思考：试计算 1∶2 水泥砂浆底 14 厚，1∶2 水泥砂浆面 9 厚抹砖墙面定额基价。

(3)其他换算

其他换算是指不属于上述几种换算情况的定额基价换算。这类换算通常是由于实际施工中采用的施工方法或者材料与定额中规定的施工方法及材料不同时，对定额的消耗量或者费用进行调整的换算方式。

【例 2-34】 根据《湖南省房屋建筑与装饰工程消耗量标准》(2020)，计算混水砖墙一砖墙(现拌砂浆强度 M10)的定额基价。

【解】 根据《湖南省房屋建筑与装饰工程消耗量标准》(2020)中总说明规定：

(1)使用现拌砂浆的，除将本标准子目中的干混砂浆调换为现拌砂浆外，砌筑子目按每立方米砂浆增加人工费 42.75 元，其余子目按每立方米砂浆增加人工费 117.5 元，其他不变。

(2)使用湿拌砂浆的，除将原子目中的干混预拌砂浆调换为湿拌砂浆，另按相应子目中每立方米砂浆扣除人工费 25 元，并扣除干混砂浆罐式搅拌机台班数量。

根据表 2-44 中的定额 A4-10。

人工费=2501.46+42.75×10=2928.96(元/10 m³)

换算后定额基价=7145.72+2928.96-2501.46=7573.22(元/10 m³)

(三)预算定额的补充

当工程项目在定额中缺项，又不属于调整换算范围之内而不可套用时，可编制补充定额，经批准备案，一次性使用。

1.基础定额出现缺项的原因

由于工程建设日益发展，新技术、新材料不断采用，在一定时间范围内编制的预算定额，不可能包括施工中可能遇到的所有项目。所以，在编制施工图预算过程中，经常遇到预算定额中没有的项目，称这样的项目为缺项。当遇到缺项时，应按现行预算定额的编制原则和方法编制补充定额。

定额中出现缺项的原因，一般有以下几种情况：

(1)设计中采用了定额中没有选用的新材料。

(2)设计中选用了定额中未编列的砂浆配合比或混凝土配合比。

(3)设计中采用了定额中没有的新的结构做法。

(4)施工中采用了定额中未包括的施工工艺等。

2.编制补充定额的原则

(1)定额的组成内容应与现行定额中同类分项工程相一致。

(2)人工、材料、机械消耗量计算口径应与现行定额相统一。

(3)工程主要材料的损耗率应符合现行定额规定，施工中用的周转性材料计算应与现行定额保持一致。

(4)施工中可能发生的互相关联的可变性因素，要考虑周全，数据统计必须真实。

(5)各项数据必须是实验结果或实际施工情况的统计，数据的计算必须实事求是。

3.编制补充定额的要求

(1)编制补充定额，特别要注重收集和积累原始资料，原始资料的取定要有代表性，必须深入施工现场进行全过程测定，测定数据要准确。因此，应从施工操作、技工普工配备、材料质量、供应渠道、使用机械诸多方面进行。

(2)注意做好有关补充定额使用的信息反馈工作，并在此基础上加以修改、补充、完善。

(3)经验指导与广泛听取意见相结合。为了使编制的补充定额切实可行，应注重多方面征求意见；应多请有实际经验的工人、管理人员、专家参与讨论研究。

(4)借鉴其他城市、企业、项目编制的有关补充定额，作为参考依据。

4.有关预算定额消耗量的计算方法

补充定额有关的人工、材料和机械台班消耗量，依据相关的计算方法进行。

【思政港湾】

管理失控经济受损

【基础知识练习】

一、**单选题**(以下各题有且只有一个正确答案)

1.预算定额人工消耗量指标不包括(　　　)。

A.基本用工　　　　　　　　B.超运距用工

C.辅助工作时间　　　　　　D.人工幅度差

2.预算定额中的材料消耗不包括(　　　)。

A.施工操作损耗　　　　　　B.施工现场堆放损耗

C.场内运输损耗　　　　　　D.场外运输损耗

3. 预算定额人工幅度差主要是指( )。

A.预算定额人工工日消耗量与施工劳动定额消耗量之差

B.预算定额人工工日消耗量与概算定额消耗量之差

C.预算定额人工工日消耗量测定带来的误差

D.预算定额人工工日消耗量与其净耗量之差

4. 因购买的黄砂不合要求,需要对其进行筛砂处理,该人工消耗包含在( )内。

A.基本用工   B.辅助用工

C.超运距用工   D.人工幅度差

5. 质量检查和验收时的工时损失包含在( )内。

A.基本用工   B.辅助用工

C.超运距用工   D.人工幅度差

6. 下列材料损耗,应计入预算定额材料损耗量的是( )。

A.场外运输损耗   B.工地仓储损耗

C.一般性检验鉴定损耗   D.施工加工损耗

7. 完成某分部分项工程 $1 m^3$ 需基本用工 0.5 工日,超运距用工 0.05 工日,辅助用工 0.1 工日。如人工幅度差系数为 10%,则该工程预算定额人工工日消耗量为( )工日/10 m^3。

A.6.05   B.5.85   C.7.00   D.7.15

8. 经现场观测,完成 10 m^3 某分项工程需消耗某种材料 1.76 m^3,其中损耗量为 0.055 m^3,则该种材料的损耗率为( )。

A.3.03%   B.3.13%   C.3.20%   D.3.23%

9. 下列施工机械的停歇时间,不在预算定额机械幅度差中考虑的是( )。

A.机械维修引起的停歇

B.工程质量检查引起的停歇

C.进行准备与结束工作时引起的停歇

D.机械转移工作面引起的停歇

二、多选题(以下各题有两个及两个以上正确答案)

1. 预算定额编制原则有( )。

A.平均水平   B.先进水平

C.简明适用   D.简单适用

2. 宜采用以"m^2"为计量单位的预算定额项目有( )。

A.楼地面面层   B.装饰抹灰

C.砌砖墙   D.现浇圈梁

3. 编制预算定额一般按以下几个阶段进行( )。

A.准备工作阶段   B.编制初稿阶段

C.修改和定稿阶段   D.实施阶段

4. 预算定额人工消耗指标包括( )。

A.基本用工   B.材料超运距用工

C.辅助用工   D.人工幅度差

5.预算定额编制的依据有(　　)。

A.国家有关部门的有关制度与规定

B.现行设计、施工及验收规范；质量评定标准和安全技术规程

C.施工定额

D.施工图纸

E.有关新技术、新结构、新材料等的资料

6.编制预算定额人工消耗指标时,下列人工消耗量属于人工幅度差用工的有(　　)。

A.施工过程中水电维修用工

B.隐蔽工程验收影响的操作时间

C.现场材料水平搬运工

D.现场材料加工用工

E.现场筛砂子增加的用工量

7.下列与施工机械工作相关的时间中,应包括在预算定额机械台班消耗量中,但不包括在施工定额中的有(　　)。

A.低负荷下工作时间

B.机械施工不可避免的工序间歇

C.机械维修引起的停歇时间

D.开工时工作量不饱满所损失的时间

E.不可避免的中断时间

【基本技能训练】

1.砌筑一砖半标准砖墙的技术测定资料如下:

(1)完成 1 m³ 的砖砌体需基本工作时间 7.2 h,辅助工作时间占工作班延续时间的 3%,准备与结束工作时间占 3%,不可避免中断时间占 2%,休息时间占 10%,人工幅度差系数为 10%,超距离运砖每千块需耗时 2.5 h。

(2)砖墙采用 M5 水泥砂浆,梁头、板头和窗台虎头砖占墙体积的百分比为 0.52%、2.29%、1.13%,砖和砂浆的损耗率为 1%,完成 1 m³ 砌体需消耗水 0.8 m³,其他材料占上述材料费的 3%。

(3)砂浆采用 400 L 搅拌机现场搅拌,运料 200 s,装料 50 s,搅拌 80 s,卸料 30 s,不可避免中断 10 s,机械利用系数 0.8,幅度差系数为 15%。

(4)人工市场单价为 100 元/工日、基价为 70 元/工日,M5 水泥砂浆单价为 145 元/m³,标准砖单价 507.79 元/千块,水为 3.9 元/m³,400 L 砂浆搅拌机台班单价 129 元/台班。

根据上述资料,计算确定砌筑 10 m³ 砖墙的预算定额消耗量指标和定额基价,并填写表 2-47 砖墙砌筑预算定额项目表。

表 2-47　砖墙砌筑预算定额项目表

工作内容：调、运、铺砂浆，运、砌砖。包括砌窗台虎头砖、门窗套等。　　　　　　　　　　10 m³

定额编号				A4-11
项　　目				砖墙墙厚
				1.5 砖
名　称		单位	单价	数量
基　价		元		
其中	人工费	元		
	材料费	元		
	机械费	元		
	综合人工			
材料	标准砖 (240 mm×115 mm×53 mm)			
	M5 水泥砂浆			
	水			
	其他材料费			
机械	400 L 搅拌机			

2. 已知有关生产要素的市场价格如下：人工价格指数 0.45，标准砖 462 元/m³，42.5 级水泥 0.425 元/kg，中净砂 156.45 元/m³，石灰膏 150 元/m³，水 5.2 元/m³，电 1.02 元/kW·h。根据本省(市)预算(消耗量)定额完成以下计算。

(1)计算 200 m³ 混水砖墙(一砖厚，现拌 M5 水泥混合砂浆砌筑)的综合人工、材料、机械台班的消耗量。

(2)计算 150 m³ 混水砖墙(一砖厚，现拌 M7.5 水泥混合砂浆砌筑)的综合人工费、材料费、机械费。

132

任务六　概算定额、概算指标和投资估算指标的编制

概算定额是以扩大的分部分项工程为对象编制的，计算和确定该工程项目的劳动、机械台班、材料消耗量所使用的定额，也是一种计价性定额。概算指标比概算定额更加综合扩大，是以每平方米或每 100 m² 或每栋建筑物、或每座构筑物、或每千米道路为计量单位，规定完成相应计量单位的建筑物或构筑物所需人工、材料和施工机械台班消耗量与相应费用的指标。投资估算指标具有较强的综合性、概括性，往往以独立的单项工程或完整的工程项目为计算对象。它的概略程度与可行性研究阶段相适应。它的主要作用是为项目决策和投资控制提供依据，是一种扩大的技术经济指标。

【知识目标】

(1)了解概算定额的定义和作用、编制原理、方法和步骤，与预算定额的区别和联系；

(2)了解概算指标的定义、编制原理、方法和步骤；

(3)了解投资估算指标的定义、编制原理、方法和步骤；

(4)了解工程造价指数的定义和作用；

(5)掌握概算定额的内容及应用方法；

(6)掌握概算指标、投资估算指标的内容及应用方法。

【能力目标】

(1)具有概算定额的应用能力；

(2)具有概算指标、投资估算指标的应用能力。

【素质目标】

(1)具有良好的职业道德和诚信品质；

(2)具有较强的责任感和踏实的工作作风及敢于担当的精神；

(3)具有创新能力、团队协作精神。

6.1　概算定额的编制

一、概算定额概述

(一)概算定额的定义

概算定额是指生产一定计量单位的经扩大的建筑工程构件或分部分项工程所需要的人工、材料和机械台班的消耗数量及费用的标准。换言之，概算定额是在预算定额的基础上，根据有代表性的建筑工程通用图和标准图等资料，进行综合、扩大和合并而成。因此，建筑工程概算定额又称"扩大结构定额"。

概算定额的编制–导学

概算定额

133

概算定额是以扩大的分部分项工程为对象编制的，计算和确定该工程项目的劳动、机械台班、材料消耗量所使用的定额，也是一种计价性定额。概算定额是编制扩大初步设计概算、确定建设项目投资额的依据。

例如：砖基础带钢筋混凝土基础定额项目综合考虑了场地平整、挖槽(坑)、基底夯实、铺设垫层、钢筋混凝土基础、砖基础、防潮层、填土、运土等预算定额中的分项工程，又如现浇钢筋混凝土阳台定额项目综合包括了现浇钢筋混凝土结构的模板、钢筋、捣混凝土、阳台面上找平层、面层、板底抹灰、刷浆等预算定额中的分项工程。

(二)概算定额的分类

1.建筑工程概算定额

(1)土建工程概算定额；

(2)给水、排水、采暖通风概算定额；

(3)通讯工程概算定额；

(4)电气、照明工程概算定额；

(5)工业管道工程概算定额。

2.设备安装工程概算定额

(1)机械设备与安装工程概算定额；

(2)电气安装工程概算定额；

(3)工器具及生产工具购置概算定额。

(三)概算定额的作用

1.概算定额是初步设计阶段编制建设项目概算和技术设计阶段编制修正概算的依据

工程建设程序规定：采用两阶段设计时，其初步设计阶段必须编制概算；采用三阶段设计时，其技术设计阶段还需编制修正概算，对拟建项目进行总估价，以控制工程建设投资额。而概算定额是编制初步设计概算和技术设计修正概算的重要依据。

2.概算定额是进行设计方案比较的依据

所谓设计方案比较，就是对设计方案的可行性、技术先进性和经济合理性进行评估；在满足使用功能的条件下，尽可能降低造价和资金消耗。概算定额的综合性及其所反映的实物消耗量指标，为设计方案比较提供了方便的条件。

3.概算定额是编制主要材料需要量的重要依据

根据概算定额所列的材料消耗量指标，可计算出工程材料的需求量。这样，在施工图设计之前就可以提出材料供应计划，ATMEL代理商为材料的采购和供应及做好施工准备提供充裕的时间。

4.概算定额是编制概算指标的依据

概算指标是从设计概算或施工图预(决)算文件中取出有关数据和资料进行编制的，而概算定额是编制概算文件的主要依据，因此，概算定额也是编制概算指标的重要依据。

5.概算定额是实行工程总承包时作为已完工程价款结算的依据

(四)概算定额的内容

概算定额的内容一般由总说明、分部说明、概算定额项目表以及有关附录组成。

1.总说明是对定额的使用方法及共同性的问题所作的综合说明和规定

它一般包括如下几点：

(1)概算定额的性质和作用；

(2)定额的适用范围、编制依据和指导思想；

(3)有关定额的使用方法的统一规定；

(4)有关人工、材料、机械台班的规定和说明；

(5)有关定额的解释和管理。

2.建筑面积计算规范

建筑面积是以平方米(m^2)为计量单位，反映房屋建设规模的实物量指标。建筑面积计算规范由国家统一编制，是计算工业与民用建筑面积的依据。

3.扩大分部工程定额

每一扩大分部定额均有章节说明、工程量计算和定额表。例如某省概算定额将单位工程分成12个扩大分部。其顺序如下：

第一章　土方工程　　　　　　第七章　屋盖工程

第二章　打桩工程　　　　　　第八章　门窗工程

第三章　基础工程　　　　　　第九章　构筑物工程

第四章　墙体工程　　　　　　第十章　附属工程及零星项目

第五章　柱、梁工程　　　　　第十一章　脚手架、垂直运输、超高施工增加费

第六章　楼地面、顶棚工程　　第十二章　大型施工机械进(退)场费

章节说明：是对本章节的编制内容、编制依据、使用方法所作的说明和规定。

工程量计算规则：是对本章节各项目工程量计算的规定。

4.概算定额项目表

概算定额项目表是定额最基本的表现形式，内容包括计量单位、定额编号、项目名称、项目消耗量、定额基价及工料指标等。表2-48是某省概算定额表表式。

表 2-48　框架墙概算定额表

工作内容：砌筑、浇捣钢筋混凝土圈过梁，内墙面抹灰。　　　　　　　　　　　　　　　　m^3

定额编号		4-30	4-31	4-32
项目		多孔砖墙厚1砖	加气混凝土砌墙砖200 mm 厚	混凝土小型砌块砖190 mm
		双面普通抹灰		
基价/元		53.04	60.81	54.88
其中	人工费	15.57	16.92	17.31
	材料费	36.83	43.43	37.01
	机械费	0.64	0.46	0.56

概算定额编号	项目名称	单位	单价/元	消耗量		
3-35	砌多孔砖墙厚1砖	m³	164.00	0.197	—	—
3-66	混凝土小型砌块墙	m³	188.30	—	—	0.160
3-67	加气混凝土砌块墙	m³	219.60	—	0.164	—
4-36	现浇混凝土直形圈过梁复合木模	m²	17.26	0.035	0.029	0.028
4-136	C-20现浇现拌混凝土圈、过梁浇捣	m³	239.30	0.005	0.004	0.004
4-394	现浇构件螺纹钢制作安装	t	2607.00	0.001	0.001	0.001
11-66	砖或混凝土墙面界面处理	m²	2.22	—	2.000	2.000
11-6	砖墙、砌块墙面水泥砂浆抹灰	m²	8.72	0.600	0.600	0.060
11-11	砖墙、砌块墙面混合砂浆抹灰厚200 mm	m²	8.16	1.400	1.400	1.400

	名称	单位	单价/元	消耗量		
人工	人工一类	工日	26.00	0.255	0.195	0.210
	人工二类	工日	30.00	0.298	0.395	0.395
材料	多孔砖240 mm×115 mm×90 mm		319.00	0.067	—	—
	水		1.95	0.152	0.187	0.190
	复合模板		32.54	0.005	0.005	0.004
	木模		915.00	0.000	0.000	0.000
	水泥32.5级		0.271	22.374	16.620	20.832
	综合净砂		41.37	0.128	0.089	0.102
	低合金螺纹钢综合		2301.00	0.001	0.001	0.001
	混凝土小砌块390 mm×190 mm×190 mm		145.00	—	—	0.143
	加气混凝土砌块		185.00	—	0.158	—
	标准砖240 mm×115 mm×53 mm		211.00	—	0.004	0.004
	碎粒粒径40 mm以内		32.90	0.006	0.005	0.013

二、概算定额的编制

(一)概算定额的编制依据

(1)现行的全国通用设计规范、施工验收规范、标准图集等;

(2)现行的建筑安装工程预算定额或综合预算定额;

(3)现行的人工工资标准、机械台班费用、材料预算价格等;

(4)现行的建筑安装工程统一劳动定额;标准设计和代表性的设计图纸;

(5)现行的有关规定及有关设计预算、施工结算等建筑经济资料。

136

(二)概算定额的编制原则

(1)概算定额的编制深度，要适应设计、计划、统计和拨款的要求。在保证具有一定的准确性的前提下，应做到简明易懂、项目齐全、计算简单、准确可靠。

(2)概算定额在综合过程中，应使概算定额与预算定额之间留有余地，即两者之间将产生一定的允许幅度差，一般应控制在5%以内，这样才能使设计概算起到控制施工图预算的作用。

(3)为了稳定概算定额水平，统一考核和简化计算工作量，并考虑到扩大初步设计图的深度条件，概算定额的编制尽量不留活口或少留活口。对于设计和施工变化多而影响工程量多、价差大的，应根据有关资料进行测算，综合取定常用数值，对个性数值，可适当留活口。

(三)编制概算定额的一般要求

(1)概算定额的编制深度，要适应设计深度的要求，因为概算定额的编制是在设计阶段进行的，所以要与设计深度相适应，才能保证概算的准确性。

(2)概算定额水平的确定应与预算定额、综合预算定额的水平基本一致。它必须反映在正常条件下，大多数企业的设计、生产、施工和管理水平。

(3)概算定额是在预算定额或综合预算定额的基础上，适当地进行扩大、综合和简化，因而在工程标准、施工方法和工程量取值等方面要进行综合。

(4)概算定额与预算定额或综合预算定额之间必将产生并允许留有一定的幅度差，以便根据概算定额编制的概算能够 控制施工图预算。

(四)概算定额的编制步骤

概算定额的编制一般分三阶段进行，即准备阶段、编制初稿阶段和审查定稿阶段。

1. 准备阶段

该阶段首先成立编制小组，确定编制机构和人员组成，进行调查研究，拟定工作方案，了解现行概算定额执行情况和存在的问题，明确编制的目的，制定概算定额的编制方案和确定概算定额的项目。

2. 编制初稿阶段

该阶段是根据已经确定的编制方案和概算定额项目，收集和整理各种编制依据，对各种资料进行深入细致的测算和分析，确定人工、材料和机械台班的消耗量指标，最后编制概算定额初稿。

该阶段要测算概算定额水平，内容包括两个方面：新编概算定额与原概算定额的水平测算，概算定额与预算定额的水平测算。

3. 审查定稿阶段

该阶段的主要工作是测算概算定额水平，即测算新编制概算定额与原概算定额及现行预算定额之间的水平。测算的方法既要分项进行测算，又要通过编制单位工程概算以单位工程为对象进行综合测算。概算定额水平与预算定额水平之间应有一定的幅度差，幅度差一般在5%以内。

6.2 概算指标的编制

一、概算指标概述

(一)概算指标的定义

概算指标是以每平方米或每 100 平方米、或每幢建筑物、或每座构筑物、或每千米道路为计量单位,规定完成相应计量单位的建筑物或构筑物所需人工、材料和施工机械台班消耗量与相应费用的指标。

(二)概算指标的内容

概算指标比概算定额更加综合扩大,其主要内容包括五部分:

(1)总说明:说明概算指标的编制依据、适用范围、使用方法等;

(2)示意图:说明工程的结构形式,工业项目中还应表示出吊车规格等技术参数;

(3)结构特征:详细说明主要工程的结构形式、层高、层数和建筑面积等;

(4)经济指标:说明该项目每 100 m^2 或每座构筑物的造价指标,以及其中土建、水暖、电器照明等单位工程的相应造价;

(5)分部分项工程构造内容及工程量指标:说明该工程项目各分部分项工程的构造内容,相应计量单位的工程量指标,以及人工、材料消耗指标。

(三)概算指标的特点

概算指标与概算定额、预算定额相比,具有以下几个特点:

(1)概算指标核算对象是成品——建筑物或构筑物,是可供使用的最终产品,如多层混合结构住宅、单层排梁结构工业厂房、20 层框剪结构商住楼等;而概算定额、预算定额核算对象是不能提供使用效益的半成品——分项工程,如钢筋混凝土独立基础、水刷石墙面等。

(2)概算指标对工程建设产品提供的核算尺度有两部分:实物指标——人工、材料和施工机械台班消耗量;经济指标——直接费用标准和其他费用(包括间接费、利润和税金)标准。

(3)概算指标不仅列出多种指标,而且还需写出工程概况和主要构造特征,必要时还需画出示意图。

(4)由于概算指标是用来规定完成一定计量的建筑物或构筑物所得全部施工过程的经济指标和实物消耗指标,所以它具有较高的综合性:利用概算指标编制投资估算或初步设计概算,能满足时效性要求极强的工作的需要,但其精确程度稍低。

(四)概算指标的组成

概算指标一般由下述四方面组成:

(1)工程概况,一般以表格和示意图(主要平、剖面图)的形式说明工程的类别、规模、建筑与结构特征、水暖电等设施配置等概况。

(2)经济指标,说明该项目每一计量单位(建筑面积或建筑体积等)的造价指标及其中土建、水暖、电照等单位工程的造价。

(3)构造内容及工程量指标,说明该项目的构造内容和每一计量单位的工程量指标。

(4)主要材料消耗指标,说明该项目每一计量单位(建筑面积或建筑体积或万元造价)的土建、水暖、电照等单位工程的各种主要材料的消耗指标。

二、概算指标的编制

(一)概算指标的编制依据

(1)标准设计图纸和各类工程典型设计。

(2)国家颁发的建筑标准、设计规范、施工规范等。

(3)各类工程造价资料。

(4)现行的概算定额和预算定额及补充定额。

(5)人工工资标准、材料预算价格、机械台班预算价格及其他价格资料。

(二)概算指标编制方法

下面以房屋建筑工程为例,对概算指标编制方法作简要概述:

(1)首先要根据选择好的设计图纸,计算出每一结构构件或分部工程的工程数量。计算工程量的目的有两个:第一是以1000 m³建筑体积为计算单位,换算出某种类型建筑物所含的各结构构件和分部工程量指标。工程量指标是概算指标中的重要内容,它详尽地说明了建筑物的结构特征,同时也规定了概算指标的适用范围。

(2)在计算工程量指标的基础上,确定人工、材料和机械的消耗量。确定的方法是按照所选择的设计图纸,现行的概预算定额,各类价格资料,编制单位工程概算或预算,并将各种人工、材料和机械的消耗量汇总,计算出人工、材料和机械的总用量。

(3)最后再计算出每平方米建筑面积和每立方米建筑物体积的单位造价,计算出该计量单位所需要的主要人工、材料和机械实物消耗量指标,次要人工、材料和机械的消耗量,综合为其他人工、其他机械、其他材料,用金额"元"表示。

对于经过上述编制方法确定和计算出的概算指标,要经过比较平衡、调整和水平测算对比以及试算修订,才能最后定稿报批。

(三)概算指标的编制步骤

以房屋建筑工程为例,概算指标可按以下步骤进行编制:

(1)成立编制小组,拟定工作方案,明确编制原则和方法,确定指标的内容及表现形式,确定基价所依据的人工工资单价、材料预算价格、机械台班单价。

(2)收集整理编制指标所必需的标准设计、典型设计以及有代表性的工程设计图纸,设计预算等资料,充分利用有使用价值的已经积累的工程造价资料。

(3)按指标内容及表现形式的要求进行具体的计算分析,工程量尽可能利用经过审定的工程竣工结算的工程量,以及可以利用的可靠的工程量数据。按基价所依据的价格要求计算综合指标,并计算必要的主要材料消耗指标,用于调整价差的万元工、料、机消耗指标,一般可按不同类型工程划分项目进行计算。

(4)最后经过核对审核、平衡分析、水平测算、审查定稿。随着有使用价值的工程造价资料积累制度和数据库的建立,以及电子计算机、网络的充分发展利用,概算指标的编制工作将得到根本改观。

每百平方米或万元工业建筑工程平均综合材料耗用量见表2-49。

表 2-49 每百平方米或万元工业建筑工程平均综合材料耗用量（安徽）

序号	结构类型	计量单位	钢筋/t	型钢/t	水泥/t	木材/m³	砖/千块	瓦/千张	砂/m³	石子/m³	毛石/m³	石灰/t	电线/t	镀锌管/t	焊接管/t	铸铁管/t	无缝管/t
1	钢混	100 m²	2.8	0.9	15.3	4.5	16.4		36.3	33	3	0.83	0.033	0.034	0.146	0.145	
		万元	2.29	0.94	16	4.68	17.1		38	34.4	3.12	0.86	0.034	0.035	0.152	0.151	
2	混合	100 m²	2.31	1.05	10.9	4.28	13.4		3.4	25.6	17.4	1	0.027	0.053	0.082	0.146	0.012
		万元	2.71	1.24	12.2	5.04	15.8		40	30.1	20.5	1.18	0.032	0.062	0.096	0.172	0.014
3	砖木	100 m²	0.181		4.9	8.88	15.7	1.92	17.5	7.6		14.2	0.004		0.04		
		万元	0.278		7.54	13.7	24.1	2.95	26.9	11.7		2.18	0.006		0.062		

一般工业厂房技术经济指标见表 2-50。

表 2-50 机械加工装配车间每平方米经济技术指标（安徽）

工程名称	机械加工装配车间		建筑面积/m²		4866		结构类型		钢筋混凝土
每平方米经济技术指标									
造价			主要材料消耗量						
合计	86.55		型钢	kg	4.59		石灰	kg	12.6
其中	土建	69	钢筋	kg	14.67		电线	kg	0.07
	给排水	1.11	水泥	kg	79.5		镀锌钢管	kg	0.01
	动、照	10.53	工程用木材	m³	0.0149		焊接钢管	kg	0.7
	吊车轨道安装	5.91	摊销用木材	m³			铸铁管	kg	0.9
			砖	块	86.1		坑管	kg	
			瓦	块			无缝钢管	kg	
			砂	m³	0.163				
			石子	m³	0.189				
			毛石	m³					
建筑结构主要特征									
基础	钢筋混凝土杯形基础、砖基础				地面		混凝土地坪		
墙身	砖墙				楼面		钢筋混凝土肋形楼板		
梁柱	钢筋混凝土梁、吊车、柱				屋盖		大型屋面板、二毡三油		
门窗	木门窗								

注：三跨带天窗单层厂房长.6.0×16=96(m)；宽18+15+15=48(m)；檐高分别为 10 m、10 m、7 m；吊车吨位分别为：30 t、5 t、3 t。

6.3 投资估算指标

一、投资估算指标概述

（一）投资估算指标的定义

投资估算指标，是在编制项目建议书可行性研究报告和编制设计任务书阶段进行投资估算、计算投资需要量时使用的一种定额。也是确定和控制建设项目全过程各项投资支出的技术经济指标。其范围涉及建设前期、建设实施期和竣工验收交付使用期等各个阶段的费用支出。

（二）投资估算指标的特点

它具有较强的综合性、概括性，往往以独立的单项工程或完整的工程项目为计算对象。它的概略程度与可行性研究阶段相适应。它的主要作用是为项目决策和投资控制提供依据，是一种扩大的技术经济指标。投资估算指标虽然往往根据历史的预、决算资料和价格变动等资料编制，但其编制基础仍离不开预算定额、概算定额。

（三）投资估算指标的意义

工程建设投资估算指标是编制建设项目建议书、可行性研究报告等前期工作阶段投资估算的依据，也可以作为编制固定资产长远规划投资额的参考。投资估算指标为完成项目建设的投资估算提供依据和手段，它在固定资产的形成过程中起着投资预测、投资控制、投资效益分析的作用，是合理确定项目投资的基础。投资估算指标中的主要材料消耗量也是一种扩大材料消耗量指标，可以作为计算建设项目主要材料消耗量的基础。估算指标的正确制定对于提高投资估算的准确度，对建设项目的合理评估、正确决策具有重要意义。

二、投资估算指标的分类

投资估算指标是确定和控制建设项目全过程各项投资支出的技术经济指标，其范围涉及建设前期、建设实施期和竣工验收交付使用期等各个阶段的费用支出，内容因行业不同而各异，一般可分为建设项目综合指标、单项工程指标和单位工程指标 3 个层次。

1. 建设项目综合指标

建设项目综合指标指按规定应列入建设项目总投资的从立项筹建开始至竣工验收交付使用的全部投资额，包括单项工程投资、工程建设其他费用和预备费等：

建设项目综合指标一般以项目的综合生产能力单位投资表示，如："元/t""元/kW"；或以使用功能表示，如医院："元/床"。

2. 单项工程指标

单项工程指标是指按规定应列入能独立发挥生产能力或使用效益的单项工程内的全部投资额，包括建筑工程费、安装工程费、设备、工器具及生产家具购置费和其他费用。单项工程一般划分原则如下：

（1）主要生产设施。指直接参加生产产品的工程项目，包括生产车间或生产装置。

（2）辅助生产设施。指为主要生产车间服务的工程项目。包括集中控制室、中央实验室、机修、电修、仪器仪表修理及木工(模)等车间，原材料、半成品、成品及危险品等仓库。

（3）公用工程。包括给排水系统(给排水泵房、水塔、水池及全厂给排水管网)、供热系统(锅炉房及水处理设施、全厂热力管网)、供电及通信系统(变配电所、开关所及全厂输电、电信线路)以及热电站、热力站、煤气站、空压站、冷冻站、冷却塔和全厂管网等。

（4）环境保护工程。包括废气、废渣、废水等处理和综合利用设施及全厂性绿化。

（5）总图运输工程。包括厂区防洪、围墙大门、传达及收发室、汽车库、消防车库、厂区道路、桥涵、厂区码头及厂区、大型土石方工程。

（6）厂区服务设施。包括厂部办公室、厂区食堂、医务室、浴室、哺乳室、自行车棚等。

（7）生活福利设施。包括职工医院、住宅、生活区食堂、俱乐部、托儿所、幼儿园、子弟学校、商业服务点以及与之配套的设施。

（8）厂外工程。如水源工程、厂外输电、输水、排水、通信、输油等管线以及公路、铁路专用线等。

单项工程指标一般以如下方式表示。如：变配电站："元/(千伏·安)"；锅炉房："元/蒸汽吨"；供水站："元/m²"；办公室、仓库、宿舍、住宅等房屋则依据不同结构形式以元/m² 表示。

3.单位工程指标

单位工程指标是指按规定应列入能独立设计、施工的工程项目的费用，即建筑安装工程费用。

单位工程指标一般以如下方式表示：如，房屋区别不同结构形式以"元/m²"表示；道路区别不同结构层、面层以"元/m²"表示；水塔区别不同结构层、容积以"元/座"表示；管道区别不同材质、管径以"元/m"表示。

6.4　工程造价指数的编制与应用

一、工程造价指数概述

(一)工程造价指数的定义

工程造价指数是反映建设工程投入要素在某一时期因价格变化而对工程造价带来影响程度的指标，反映了报告期价格水平相对于基期价格水平的变动程度和趋势，它亦是调整工程造价价差并对建设工程造价实施动态管理的重要依据。

(二)工程造价指数的作用

工程造价指数反映了报告期与基期相比的价格变动趋势，利用它来研究实际工作中的下列问题很有意义。

（1）可以利用工程造价指数分析价格变动趋势及其原因。

（2）可以利用工程造价指数估计工程造价变化对宏观经济的影响。

（3）工程造价指数是工程承发包双方进行工程估价和结算的重要依据。

工程造价指数的
编制与应用-导学

工程造价指数

（三）工程造价指数的分类

1. 按照工程范围、类别、用途分类

（1）单项价格指数：是分别反映各类工程的人工、材料、施工机械及主要设备报告期对基期价格的变化程度的指标，如人工费价格指数、主要材料价格指数、施工机械台班价格指数。

（2）综合造价指数：是综合反映各类项目或单项工程人工费、材料费、施工机械使用费和设备费等报告期价格对基期价格变化而影响工程造价程度的指标，它是研究造价总水平变化趋势和程度的主要依据，如建筑安装工程造价指数、建设项目或单项工程造价指数、建筑安装工程直接费造价指数、其他直接费及间接费造价指数、工程建设其他费用造价指数等。

2. 按造价资料期限长短分类

（1）时点造价指数：是不同时点（例如2018年9月9日0时对上一年同一时点）价格对比计算的相对数。

（2）月指数：是不同月份价格对比计算的相对数。

（3）季指数：是不同季度价格对比计算的相对数。

（4）年指数：是不同年度价格对比计算的相对数。

3. 按不同基数分类

（1）定基指数：是各时期价格与某固定时期的价格对比后编制的指数。

（2）环比指数：是各时期价格都以其前一期价格为基础计算的造价指数。例如，与上月对比计算的指数，为月环比指数。

二、工程造价指数的编制

工程造价指数一般应按各主要构成要素（建安工程造价、设备工器具购置费、工程建设其他费用等）分别编制价格指数，然后经汇总得到工程造价指数。

（一）建安工程造价指数

建安工程造价指数是一种综合性很强的价格指数，其计算公式如下：

建安工程造价指数＝人工费指数×基期人工费占建安工程造价比例＋∑（单项材料价格指数×基期该单项材料费占建安工程造价比例）＋∑（单项施工机械台班指数×基期该单项机械费占建安工程造价比例）＋其他直接费、间接费综合指数×基期其他直接费、间接费占建安工程造价比例

其中，各项人工费、材料费、机械费指数的计算均按报告期人工、材料、机械的预算价格与基期人工、材料、机械的预算价格之比进行。

（二）设备、工器具价格指数

一般可按下列公式计算：

设备、工器具价格指数＝∑（报告期设备、工器具单价×报告期购置数量）/（基期设备、工器具单价×报告期购置数量）

（三）工程建设其他费用指数

可以按照每万元投资额中的其他费用支出定额计算，计算公式为：

工程建设其他费用指数＝报告期每万元投资支出中其他费用/基期每万元投资支出中其

他费用

(四)工料机价格指数

人工、材料和机械台班等要素的价格指数,是编制建安工程造价指数的基础,其计算公式如下:

$$工料机价格指数 = P_n/P_o$$

式中:P_n——报告期人工费、材料预算价格、施工机械台班费;

P_o——基期人工费、材料预算价格、施工机械台班费。

(五)最后经综合得到单项工程造价指数

其计算公式为:

单项工程造价指数 = 建安工程造价指数×基期建安工程费占总造价的比例 + $\sum$(单项设备价格指数×基期该项设备费占总造价的比例) + $\sum$(单项施工机械台班指数×基期该单项机械费占建安工程造价比例) + 工程建设其他费用指数×基期工程建设其他费用占总造价的比例

三、工程造价指数的应用

工程造价指数反映了报告期与基期相比的价格变动趋势,是研究造价总水平变化趋势和程度的主要依据。可以在以下几方面得到充分地应用:

(一)分析价格变动趋势及原因

由于工程造价指数是通过计算各分项指数加权而成的,而各分项指数的变化势必影响到总的工程造价指数,为此,可以逐项分析各分项指数的变化对工程造价的影响。

(二)工程造价指数是工程承发包方进行工程估算和结算的重要依据

由于建筑市场供求关系的变化及物价水平的不断上涨,单靠原有定额编制概预算、标底及投标报价已不能适应形势发展的需要,而合理编制的工程造价指数正是对传统定额的重要补充。依靠工程造价指数可对工程概预算作适当的调整,使之与现实造价水平相适应,从而克服了定额静态与僵化的弱点。

【例2-35】 某建筑工程项目的投资额及分项价格指数资料如表2-51表示,求该项目的工程造价指数。

表2-51 某建设项目的投资额和价格指数

费用项目	投资额/万元	分类指数
投资额合计	5600	
建安工程投资	2400	107.4%
设备工器具投资	2360	105.6%
工程项目其他投资	840	105.0%

【解】 经分析可知:

建筑工程造价指数 = (2400/5600)×107.4% + (2360/5600)×105.6% + (840/5600)×

$105.0\% = 106.28\%$

所以，报告期内投资价格比基期上涨了 6.28%。

【例 2-36】　2019 年 4 月份额长沙市房屋建筑工程造价指数如表 2-52 所示，某 17 层框剪结构住宅工程无架空层、毛坯，2017 年 3 月的结算价为 1200 万元。2017 年 3 月长沙市房屋建筑工程 17 层框剪结构住宅工程无架空层、毛坯造价指数为 128.9%。试确定该 17 层框剪结构住宅工程无架空层、毛坯在 2019 年 4 月的造价。

表 2-52　2019 年 4 月份额长沙市房屋建筑工程造价指数

序号	工程类别	结构类型	装修等级	造价指数
一	房屋建筑工程			
(一)	地下室 1～3 层(含人防)	框架结构	毛坯	127.40
(二)	住宅			
1	宿舍、多层(6 层以下)	砖混结构	简装	112.76
2	公租房、多层(6 层以下)	框架结构	简装	114.29
3	无架空层、小高层(8～12 层)	框架结构	毛坯	112.26
4	无架空层、小高层(13～17 层)	框剪结构	毛坯	117.18
5	无架空层、小高层(18～30 层)	框剪结构	毛坯	116.58

注：本指数的计算基数是我站(湖南省建设工程造价总站)2015 年对近百个工程结算综合分析、测算编制。计算基数以 2015 年 12 月为 100%，采用 2014 年计价办法及消耗量标准测算。

【解】　该 17 层框剪结构住宅工程无架空层、毛坯在 2019 年 4 月的造价为：

$$1200 \times (117.18\%/128.9\%) = 1090.89(万元)$$

【思政港湾】

水火无情
防患于未然

【基础知识练习】

一、单选题(以下各题有且只有一个正确答案)

1.(　　)是指生产按一定计量单位规定的扩大分部分项工程或扩大结构部分的人工、材料和机械台班的消耗量标准和综合价格。

A.概算指标　　　B.概算定额　　　C.预算定额　　　D.施工定额

2.(　　)是按一定的计量单位规定的比概算定额更加综合扩大的单位工程或单项工程等的人工、材料和机械台班的消耗量标准和造价指标。

A. 劳动定额　　　　　B. 概算定额　　　　　C. 估算指标　　　　　D. 概算指标

3.（　　　）反映了工程造价报告期与基期相比的价格变动程度、趋势及原因

A. 物价指数　　　　　B. 工程造价指数　　　C. 定基指数　　　　　D. 环比指数

4. 按各主要构成要素(建筑安装工程造价、设备工器具购置费和工程建设其他费用)分别编制价格指数，经汇总得到综合的（　　　）

A. 工程造价单价　　　B. 工程造价指数　　　C. 时点价格指数　　　D. 投资估算指标

5.（　　　）是以独立的建设项目、单项工程或单位工程为对象，综合项目全过程投资和建设中各类成本和费用，反映出扩大的技术经济指标。

A. 设计概算书　　　　　　　　　　　　　B. 投资估算指标

C. 工期定额　　　　　　　　　　　　　　D. 工程造价指数

二、多选题(以下各题有两个及两个以上正确答案)

1. 概算定额的作用是（　　　）的依据。

A. 编制设计概算　　　　　　　　　　　　B. 项目设计方案选优

C. 编制主要材料消耗量　　　　　　　　　D. 编制概算指标

E. 招投标工程编制标底、投标报价　　　　F. 编制施工预算

2. 以下属概算定额的编制依据的是（　　　）。

A. 现行的建筑工程预算定额、施工定额

B. 现行的人工工资标准、材料单价、机械台班使用单价

C. 现行的设计标准、规范、施工标准、验收规范

D. 典型的有代表性的标准设计图纸、标准图集、通用图集及其他设计资料

E. 原有的概算定额

3. 概算定额的编制原则是（　　　）。

A. 社会平均水平　　　　　　　　　　　　B. 简明适用

C. 与设计深度相适应　　　　　　　　　　D. 社会先进水平

4. 概算定额与预算定额的不同点是（　　　）

A. 编制精度不同　　　　　　　　　　　　B. 使用阶段不同

C. 定额幅度差不同　　　　　　　　　　　D. 工程项目数量不同

5. 以下属概算指标的作用的是（　　　）

A. 编制投资估算

B. 设计单位方案比较、建设单位选址

C. 估算单位工程或单项工程主要材料用量

D. 建设单位编制建设投资计划

6. 概算指标的内容有（　　　）。

A. 建设项目综合指标　　　　　　　　　　B. 单项工程指标

C. 单位工程指标　　　　　　　　　　　　D. 工程造价指数

【基本技能训练】

1. 某工程项目建筑安装工程投资额为 1500 万元，价格指数为 135.42%，设备及工器具投资 2000 万元，价格指数为 158.%，工程建设其他费用投资 500 万元，价格指数为 115%。试求此基础上的工程造价指数。

2. 2019 年 4 月份长沙市房屋建筑工程造价指数如表 2-52 所示，某 17 层框剪结构住宅工程无架空层、毛坯，2015 年 12 月长沙市房屋建筑工程 17 层框剪结构住宅工程无架空层的基期工程造价为 1500 万元。试确定该 17 层框剪结构住宅工程无架空层、毛坯在 2019 年 4 月的工程造价。

任务七　工期定额的编制与应用

《建筑安装工程工期定额》(TY 01—89—2016)是国有资金投资工程在可行性研究、初步设计、招标阶段确定工期的依据，非国有资金投资工程参照执行，是签订建筑安装工程施工合同的基础。建筑面积是重要的技术经济指标，在全面控制建筑、装饰工程造价和建设过程中起着重要的作用。

【知识目标】

(1)了解工期定额的概念、作用和编制原则；

(2)了解影响工期定额确定的主要因素；

(3)了解工期定额的编制方法；

(4)了解《建筑安装工程工期定额》(TY 01—89—2016)基本结构和内容；

(5)掌握《建筑安装工程工期定额》(TY 01—89—2016)应用方法。

【技能目标】

(1)能应用《建筑安装工程工期定额》(TY 01—89—2016)计算民用建筑工程的施工工期。

【素质目标】

(1)具有良好的职业道德和诚信品质；

(2)具有较强的敬业精神和责任意识；

(3)具有良好的团队协作能力；

(4)具有吃苦耐劳、实事求是、精益求精的工匠精神。

7.1　工期定额概述

一、工期定额的概念

工期定额是指在一定的经济和社会条件下，在一定时期内建设行政主管部门制定并发布的工程项目建设消耗的时间标准。工程质量、工程造价、工程进度是工程项目管理的三大目标，而工程进度的控制就必须依据工期定额，它是具体指导工程建设项目工期的法律性文件。

二、工期定额的作用

(1)工期定额是编制招标文件的依据。

工期在招标文件中是主要内容之一，是业主对拟建工程时间上的期望值。而合理的工期是根据工期定额来确定的。

(2)工期定额是签订建筑安装工程施工合同、确定合理工期的基础。

建设单位与施工安装单位双方在签订合同时可以是定额工期，也可以与定额工期不一致。因为确定工期的条件、施工方案不同都会影响工期。工期定额是按社会平均建设管理水

平、施工装备水平和正常建设条件来制定的，它是确定合理工期的基础，合同工期一般围绕定额工期上下波动来确定。

（3）工期定额是施工企业编制施工组织设计，确定招标工期，安排施工进度的参考依据。

（4）工期定额是施工企业进行施工索赔的基础。

（5）工期定额是工程工期提前时，计算赶工措施费的基础。

三、工期定额的编制原则

（一）合理性与差异性原则

工期定额从有利于国家宏观调控、有利于市场竞争以及当前工程设计、施工和管理的实际出发，既要坚持定额水平的合理性，又要考虑各地区自然条件等差异对工期的影响。

（二）地区类别划分的原则

由于我国幅员辽阔，各地自然条件差别较大，同类工程在不同地区的实物工程量和所采用的建筑机械设备等存在差异，所需的施工工期也就不同。为此新定额按各省省会所在地近十年的平均气温和最低气温，将全国划分为Ⅰ、Ⅱ、Ⅲ类地区。

Ⅰ类地区：包括上海、江苏、浙江、安徽、福建、江西、湖北、湖南、广东、广西、四川、贵州、云南、重庆、海南。

Ⅱ类地区：包括北京、天津、河北、河南、山西、山东、陕西、甘肃、宁夏。

Ⅲ类地区：包括内蒙古、辽宁、吉林、黑龙江、西藏、青海、新疆。

设备安装和机械施工工程执行本定额时不区分地区类型。

（三）定额水平应遵循平均、先进、合理的原则

确定工期定额水平，应从正常的施工条件、多数施工企业装备程度、合理的施工组织、劳动组织和社会平均时间消耗水平的实际出发，又要考虑近年来设计、施工技术进步情况，确定合理工期。

（四）定额结构要做到简明适用

定额的编制要遵循社会主义市场经济原则，从有利于建立全国统一市场，有利于市场竞争出发，简明适用，规范建筑安装工程工期的计算。

四、影响工期定额确定的主要因素

（一）时间因素

春、夏、秋、冬开工时间不同对施工工期有一定的影响，冬季开始施工的工程，有效工作天数相对较少，施工费用高，工期也较长。春、夏季开工的项目可赶在冬天到来之前完成主体，冬天则进行辅助工程和室内工程施工，可以缩短建设工期。

（二）空间因素

空间因素也就是地区不同的因素。如北方地区冬季较长，南方则较短，南方雨量较多，而北方雨量少些。一般将全国划分为Ⅰ、Ⅱ、Ⅲ类地区。

(三) 施工对象因素

它是指结构、层次、面积不同对工期的影响。在工程项目建设中，同一规模的建筑由于其结构形式不同，如采用钢结构、预制钢筋混凝土结构、现浇钢筋混凝土结构或砖混结构，其工期不同。

(四) 施工方法因素

机械化、工厂化施工程度不同，也影响着工期的长短。机械化水平较高时，相应的工期会缩短。

(五) 资金使用和物资供应方式的因素

一个建设项目批准后，其资金使用方式和物资供应方式是不同的，因而对工期也将产生不同的影响。政府投资建设的工程，由于资金提供的时间和数量的不同，而对建设工程带来不同的影响。资金提供及时，项目能顺利进行，否则就会影响工期。自筹资金项目在发生资金筹措困难时，或在资金提供拖延时，将直接延缓建设工期。

五、工期定额编制的方法

(一) 网络法，也称关键线路法(CPM)

运用网络技术，建立网络模型，揭示建设项目在各种因素的影响下，建设过程中工程或工序之间相互连接、平行交叉的逻辑关系，通过优化确定合理的建设工期。

(二) 评审技术法

对于不确定的因素较多、分项工程较复杂的工程项目，主要根据实际经验，结合工程实际，估计某一项目最大可能完成时间，最乐观、最悲观可能完成时间，用经验公式求出建设工期，通过评审技术法，可以将一个非确定性的问题，转化为一个确定性的问题，达到了取得一合理工期的目的。

(三) 曲线回归法

通过对单项工程的调查整理、分析处理，找出一个或几个与工程密切相关的参数与工期，建立平面直角坐标系，再把调查来的数据经过处理后反映在坐标系内，运用数据回归的原理，求出所需要的数据，用以确定建设工期。

(四) 专家评审法(德尔菲法)

给工期预测的专家发调查表，用书面方式联系。根据专家的数据，进行综合、整理后，再匿名反馈给各专家，请专家再提出工期预测意见。经多次反复与循环，使意见趋于一致，作为工期定额的依据。

7.2　建筑安装工程工期定额简介与应用

一、现行《建筑安装工程工期定额》(TY 01—89—2016)简介

(一)适用范围

本定额适用于新建、扩建的建筑安装工程。

(二)本定额工期

是指自开工之日起,到完成各章、节所包含的全部工程内容并达到国家验收标准之日止的日历天数(包括法定节假日);不包括三通一平、打试验桩、地下障碍物处理、基础施工前的降水和基坑支护时间、竣工文件编制所需的时间。

(三)章节划分

本定额总共有四大部分:第一部分:民用建筑工程,第二部分:工业及其他建筑工程,第三部分:构筑物工程,第四部分:专业工程。

(四)民用建筑工程工期定额基本结构和内容

民用建筑工程工期定额中,包括四个部分内容。

(1)±0.000 以下工程。

±0.000 以下工程又分为无地下室工程、有地下室工程。

(2)±0.000 以上工程。

±0.000 以上工程又分为居住建筑、办公建筑、旅馆酒店建筑、商业建筑、文化建筑、教育建筑、体育建筑、卫生建筑、交通建筑、广播电影电视建筑。

(3)±0.000 以上钢结构工程。

(4)±0.000 以上超高层工程。

(五)工业及其他建筑工程工期定额基本结构和内容

工业及其他建筑工程工期定额中,包括单层厂房工程、多层厂房工程、仓库、辅助附属设施、其他建筑工程。

(六)构筑物工程工期定额基本结构和内容

构筑物工程工期定额中,包括烟囱、水塔、钢筋混凝土贮水池、钢筋混凝土污水池、滑模筒仓、冷却塔。

(七)专业工程工期定额基本结构和内容

专业工程工期定额中,包括机械土方工程、桩基工程、装饰装修工程、设备安装工程、机械吊装工程、钢结构工程。

二、民用建筑工程工期定额应用

(一)民用建筑工程工期的计算

民用建筑工程工期计算的一般方法:

（1）±0.000 以下工程工期（分两种情况）

①无地下室工程工期：按首层建筑面积计算；

②有地下室工程工期：按地下室建筑面积总和计算。

（2）±0.000 以上工程工期

按±0.000 以上部分建筑面积的总和计算。

（3）工程总工期

按±0.000 以下工程工期与±0.000 以上工程工期之和计算。

（4）单项工程±0.000 以下由 2 种或 2 种以上类型组成时，按不同类型部分的面积查出相应工期，相加计算。

（5）单项工程±0.000 以上结构相同，使用功能不同。无变形缝时，按使用功能占建筑面积比重大的计算工期；有变形缝时，先按不同使用功能的面积查出相应工期，再以其中一个最大工期为基数，另加其他部分工期的 25% 计算。

（6）单项工程±0.000 以上由 2 种或 2 种以上结构组成。无变形缝时，先按全部面积查出不同结构的相应工期，再按不同结构各自的建筑面积加权平均计算；有变形缝时，先按不同结构各自的面积查出的相应工期，再以其中一个最大工期为基数，另加其他部分工期的 25% 计算。

（7）单项工程±0.000 以上层数（层）不同，有变形缝时，先按不同层数（层）各自的面积查出相应工期，再以其中一个最大工期为基数，另加其他部分工期的 25% 计算。

（8）单项工程中±0.000 以上分成若干个独立部分时，参照总说明第十二条，同期施工的群体工程计算工期。如果±0.000 以上有整体部分，将其并入工期最大的单项（位）工程中计算。

（9）本定额工业化建筑中的装配式混凝土结构施工工期仅计算现场安装阶段，工期按照装配率 50% 编制。装配率 40%、60%、70% 按本定额相应工期分别乘以系数 1.05、0.95、0.9 计算。

（10）钢-混凝土组合结构的工期，参照相应项目的工期乘以系数 1.1 计算。

（11）±0.000 以上超高层建筑单层平均面积按主塔楼±0.000 以上总建筑面积除以地上总层数计算。

（二）民用建筑工程工期定额应用案例

【例 2-37】 某建筑公司承包了一住宅工程，为现浇框架结构，±0.000 m 以上 18 层，局部 19 层为电梯间机房。建筑面积 20000 m²，±0.000 以下 2 层地下室，建筑面积 980 m²，该工程地处Ⅰ类地区，土壤类别为Ⅲ类土。地基处理采用 $\phi500$，长 18 m 的预应力管桩 220 根。试计算该工程施工工期。

【解】 本住宅属于居住建筑，施工工期为±0.000 以下工程工期、±0.000 以上工程工期、打桩工程工期三部分工期之和。

（1）±0.000 m 以下工程工期

有地下室工程层数 2 层，建筑面积 980 m²，Ⅰ类地区，由此可查《工期定额》，见表 2-53。

表 2-53 有地下室工程

编号	层数	建筑面积/m²	工期天数/d		
			Ⅰ类	Ⅱ类	Ⅲ类
1-31		2000 以内	120	125	130
1-32		4000 以内	135	140	145
1-33		6000 以内	155	160	165
1-34	2	8000 以内	170	175	180
1-35		10000 以内	185	190	195
1-36		15000 以内	210	220	230
1-37		20000 以内	235	245	255
1-38		30000 以外	260	270	280

从定额表可知,定额编号为 1-31,2 层地下室工程 $T_1 = 120d$。

(2)桩基工程

预应力管桩 $\phi500$,桩深 18 m,根数 220 根、Ⅲ类土。由此可查《工期定额》,见表 2-54。

表 2-54 桩基工程

类型:预制混凝土桩

编 号	桩深/m	工程量/根	工期天数/d		
			Ⅰ、Ⅱ类土	Ⅲ类土	Ⅳ类土
4-77		100 以内	13	14	17
4-78		150 以内	19	20	23
4-79	20 m 以内	200 以内	25	26	29
4-80		250 以内	28	29	32
4-81		300 以内	31	32	35

从定额可知,定额编号为 4-80,桩基工程工期 $T_2 = 29d$。

(3)±0.000 以上工程工期

±0.000 以上工程共 18 层,第 19 层为电梯间机房,按定额说明规定电梯间机房不计层数。现浇框架结构建筑面积 20000 m²,Ⅰ类地区,则此可查《工期定额》,见表 2-55。

表 2-55　居住建筑(一)

结构类型：现浇框架结构

编号	层数	建筑面积/m²	工期天数/d		
			Ⅰ类地区	Ⅱ类地区	Ⅲ类地区
1-157	16 层以下	15000 以内	375	395	430
1-158		20000 以内	390	410	445
1-159		25000 以内	410	430	465
1-160		30000 以内	430	450	485
1-161		30000 以外	455	475	510
1-162	20 层以下	20000 以内	430	450	490
1-163		25000 以内	450	470	510
1-164		30000 以内	475	495	535
1-165		40000 以内	515	535	575
1-166		40000 以外	540	560	600

从定额表中可知，定额编号 1-162，±0.000 以上工程施工工期 $T_3 = 430d$。

综上所述，该住宅工程总工期：$T = T_1 + T_2 + T_3 = 120 + 29 + 430 = 579$（d）。

【例 2-38】 某综合楼工程±0.000 以下为 2 层地下室，建筑面积 10000 m²，±0.000 以上 1~2 层为整体部分现浇框架结构商场，建筑面积 10000 m²，3 层以上分成两个独立部分：分别为 14 层全现浇框架结构住宅，建筑面积 15000 m²；18 层现浇框架结构写字楼，建筑面积 20000 m²（该工程地处Ⅰ类地区，土壤类别为Ⅲ类土）。试计算该工程总工期。

【解】 根据定额规定：单项工程中±0.000 以上为整体，整体上又分成若干个独立部分时，按同期施工的群体工程工期计算。同期施工的群体工程中，一个承包人同时承包 2 个以上（含 2 个）单项（位）工程时工期的计算：以一个最大工期的单项（位）工程为基数，另加其他单项（位）工程工期总和乘以相应系数计算：加 1 个乘以系数 0.35，加 2 个乘以系数 0.2，加 3 个乘以系数 0.15，加 4 个及以上的不另增加工期。如果±0.000 以上有整体部分，将其并入到最在的单项（位）工程中计算。

(1)地下室工程

2 层建筑面积 10000 m²，查《工期定额》，从表 2-53 可知，定额编号 1-35，施工工期 $T_1 = 185d$。

(2)±0.000 以上工程

1)全现浇框架结构住宅：14+2=16 层，15000 m²，查表 2-55 可知，定额编号 1-157，施工工期 $T_2 = 375d$。

2)全现浇框架结构写字楼 18+2=20 层，建筑面积 20000 m²，查《工期定额》，见表 2-56，定额编号 1-296，定额工期 $T_3 = 485d$。

表 2-56　办公建筑(三)

结构类型：现浇框架结构

编　号	层　数	建筑面积/m²	工期天数/d		
			Ⅰ类地区	Ⅱ类地区	Ⅲ类地区
1-291		15000 以内	405	425	450
1-292		20000 以内	430	450	475
1-293	16 层以下	25000 以内	455	475	500
1-294		30000 以内	480	500	525
1-295		30000 以外	510	530	555
1-296		20000 以内	485	510	540
1-297		25000 以内	510	535	565
1-298	20 层以下	30000 以内	535	560	590
1-299		35000 以内	560	585	615
1-230		35000 以外	590	615	645

3)18 层现浇框架结构写字楼工期 485d，大于 14 层框架结构住宅 375 d。商场与写字楼结构相同，将 ±0.000 以上 1~2 层整体部分的商场面积并入 18 层现浇框架结构写字楼 20000 m² 建筑面积中，共计建筑面积 30000 m²。现浇框架结构写字楼，查表 2-56，定额编号 1-298，施工工期 $T_4 = 535$d。

（3）该工程总工期

$T = 185 + 535 + 375 \times 0.35 = 851.25(\text{d}) \approx 852(\text{d})$

7.3　建筑面积的计算

一、建筑面积的概念和作用

(一) 建筑面积的概念

建筑面积亦称建筑展开面积，是建筑物各层面积的总和。建筑面积包括使用面积、辅助面积和结构面积三部分。

1. 使用面积

使用面积是指建筑物各层平面中直接为生产或生活使用的净面积之和。例如，住宅建筑中的居室、客厅、书房等。

2. 辅助面积

辅助面积是指建筑物各层平面中为辅助生产或辅助生活所占的净面积之和。例如，住宅建筑中的楼梯、走道、卫生间、厨房等。使用面积和辅助面积称为有效面积。

3. 结构面积

结构面积是指建筑各层平面中的墙、柱等结构所占的面积之和。

建筑面积的计算
-导学

(二)建筑面积的作用

1. 重要管理指标

建筑面积是建设投资可行性研究、建筑项目勘察设计、建设项目评估、建设项目招标投标、建筑工程施工和竣工验收、建设工程造价管理、建筑工程造价控制等一系列管理工作中用到的重要指标。

2. 重要技术指标

建筑面积是计算开工面积、竣工面积、优良工程率、建筑装饰规模等重要的技术指标。

3. 重要经济指标

建筑面积是计算建筑、装饰等单位工程或单项工程的单位面积工程造价、人工消耗、台班消耗、工程量消耗的重要经济指标。

4. 重要计算依据

建筑面积是计算有关工程量的重要依据。例如,装饰用满堂脚手架工程量等。

综上所述。建筑面积是重要的技术经济指标,在全面控制建筑、装饰工程造价和建设过程中起着重要的作用。

二、建筑面积的计算规则

(一)建筑面积计算规则

从 2013 年 7 月 1 日起,我国建筑面积的计算依据是住房和城乡建设部颁发的国家标准《建筑工程建筑面积计算规范》(GB/T50353—2013)(以下简称《规范》),本规范的主要技术内容包括:总则、术语、计算建筑面积的规定。

本规范适用于新建、扩建、改建的工业与民用建筑工程建设全过程的建筑面积计算。

本规范中的建筑面积是指建筑物(包括墙体)所形成的楼地面面积,包括使用面积、辅助面积和结构面积三个部分。使用面积是指建筑物各层平面布置中,可直接为生产或生活使用的净面积之和,如住宅建筑中的居室、客厅、书房等。辅助面积是指建筑物各层平面布置中为辅助生产或生活所占净面积的总和,如楼梯间、走廊、电梯间。使用面积与辅助面积的总和称为"有效面积"。结构面积是指建筑物各层平面布置中的墙体、柱等结构所占面积的总和。

在《规范》中规定的计算面积的相关规则,主要基于以下几方面的考虑:

(1)尽可能准确的反映建筑物各组成部分的价值量。例如:有永久性顶盖,无围护结构的走廊,按其结构底板水平面积 1/2 计算建筑面积;有围护结构的走廊(增加了围护结构的工料消耗)则计算全部建筑面积。

(2)通过建筑面积计算规范的规定,简化了建筑面积的计算过程。例如,附墙柱、垛等不计算建筑面积。

(二)计算建筑面积的规定

(1)建筑物的建筑面积应按自然层外墙结构外围水平面积之和计算。结构层高在 2.20 m 及以上的,应计算全面积;结构层高在 2.20 m 以下的,应计算 1/2 面积。

建筑面积计算,在主体结构内形成的建筑空间,满足计算面积结构层高要求的均应按本条规定计算建筑面积。主体结构外的室外阳台、雨篷、檐廊、室外走廊、室外楼梯等按相应条款计算建筑面积。当外墙结构本身在一个层高范围内不等厚时，以楼地面结构标高处的外围水平面积计算。

注："外墙结构外围水平面积"主要强调建筑面积计算应计算墙体结构的面积，按建筑平面图结构外轮廓尺寸计算，而不应包括墙体构造所增加的抹灰厚度、材料厚度及勒脚厚度等。

知识链接：

1）自然层是指按楼地面结构分层的楼层。

2）结构层高是指楼面或地面结构层上表面至上部结构层上表面之间的垂直距离。

3）勒脚是墙根部很矮的一部分墙体加厚，不能代表整个外墙结构，因此勒脚墙体加厚的部分不应计算建筑面积。

（2）建筑物内设有局部楼层（见图2-8）时，对于局部楼层的二层及以上楼层，有围护结构的应按其围护结构外围水平面积计算，无围护结构的应按其结构底板水平面积计算。结构层高在2.20 m及以上的，应计算全面积；结构层高在2.20 m以下的，应计算1/2面积。

单层建筑物内设有部分楼层时，局部楼层的墙厚应包括在楼层面积内。

知识链接：

围护结构是指围合建筑空间的墙体、门、窗。

围护设施是指为保障安全而设置的栏杆、栏板等围挡。

【例2-39】 已知某单层房屋平面图和剖面图（如图2-8），计算该房屋的建筑面积。

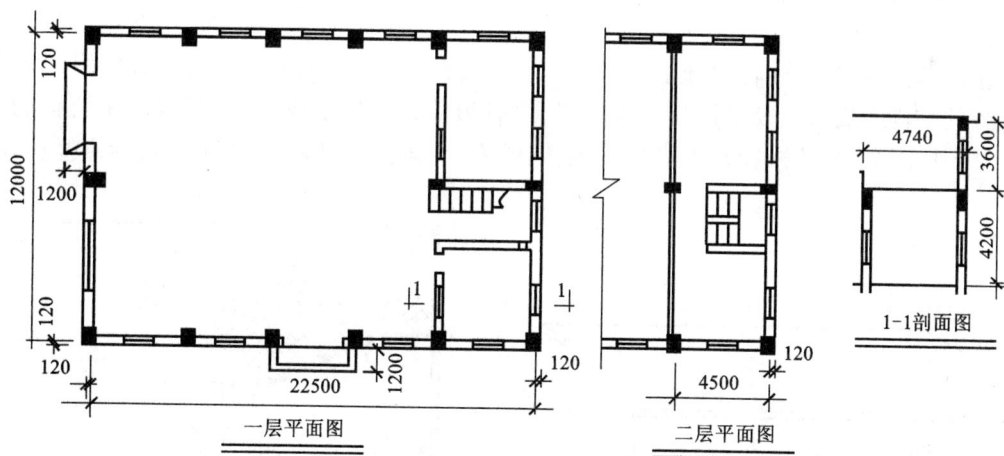

图2-8　某房屋平、剖面图

【解】 因有楼层处层高不同，应分别计算建筑面积。

单层部分：S=（22.50+0.24-4.50-0.24）×（12.00+0.24）=220.32（m²），

有楼层处：S=4.74×12.24×2=116.04（m²）

合计建筑面积=220.32+116.04=336.36（m²）

（3）形成建筑空间的坡屋顶，结构净高在2.10 m及以上的部位应计算全面积；结构净高在1.20 m及以上至2.10 m以下的部位应计算1/2面积；结构净高在1.20 m以下的部位不应计算建筑面积。

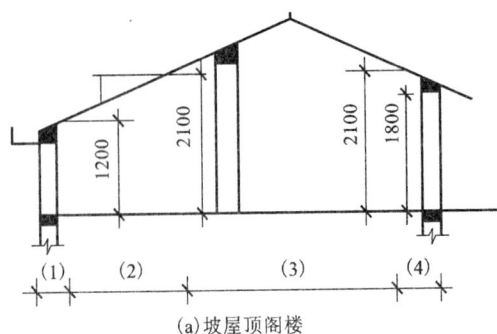

(a)坡屋顶阁楼

图 2-9

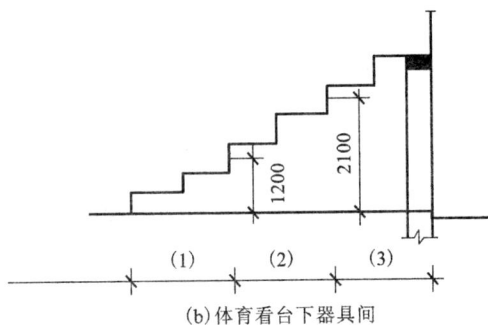

(b)体育看台下器具间

图 2-10

(4)场馆看台下的建筑空间,结构净高在 2.10 m 及以上的部位应计算全面积;结构净高在 1.20 m 及以上至 2.10 m 以下的部位应计算 1/2 面积;结构净高在 1.20 m 以下的部位不应计算建筑面积。室内单独设置的有围护设施的悬挑看台,应按看台结构底板水平投影面积计算建筑面积。有顶盖无围护结构的场馆看台应按其顶盖水平投影面积的 1/2 计算面积。

知识链接:

结构净高是指楼面或地面结构层上表面至上部结构层下表面之间的垂直距离。

场馆看台下的建筑空间因其上部结构多为斜板,所以采用净高的尺寸划定建筑面积的计算范围和对应规则。

室内单独设置的有围护设施的悬挑看台,因其看台上部设有顶盖且可供人使用,所以按看台板的结构底板水平投影计算建筑面积。"有顶盖无围护结构的场馆看台"中所称的"场馆"为专业术语,指各种"场"类建筑,如:体育场、足球场、网球场、带看台的风雨操场等。

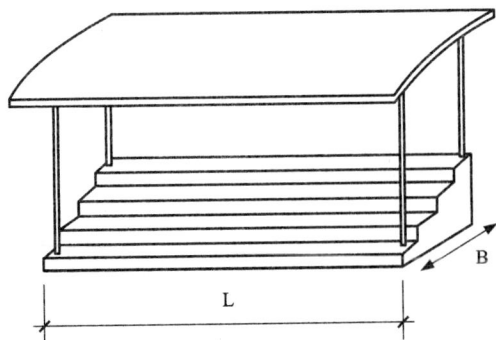

图 2-11 有顶盖无维护结构的看台按顶盖投影面积的 1/2 计算面积

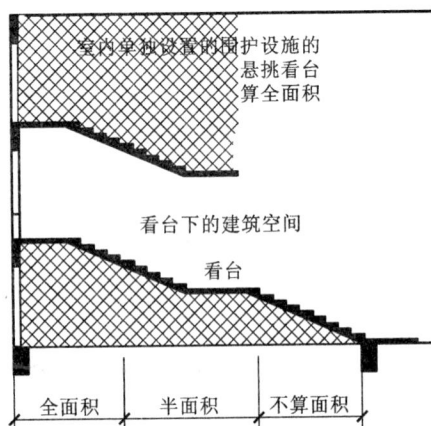

图 2-12 看台下的建筑空间/悬挑看台

（5）地下室、半地下室应按其结构外围水平面积计算。结构层高在 2.20 m 及以上的，应计算全面积；结构层高在 2.20 m 以下的，应计算 1/2 面积。

知识链接：

地下室是指室内地平面低于室外地平面的高度超过室内净高的 1/2 的房间。

半地下室是指室内地平面低于室外地平面的高度超过室内净高的 1/3，且不超过 1/2 的房间。

上一层建筑外墙与地下室墙的中心线不一定完全重叠，多数情况是凸出或凹进地下室外墙中心线，如图 2-13 所示，地下室、半地下室应以其外墙（地下室的外墙）上口外边线所围水平面积计算。

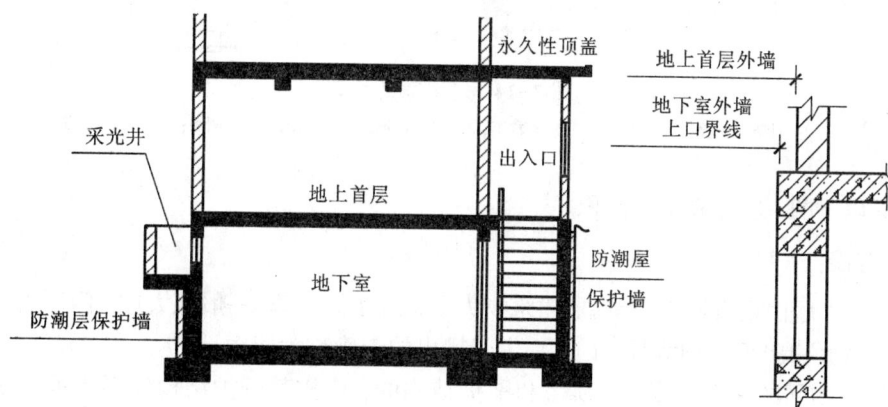

图 2-13 地下室建筑示意图

（6）出入口外墙外侧坡道有顶盖的部位，应按其外墙结构外围水平面积的 1/2 计算面积。

知识链接：

出入口坡道分有顶盖出入口坡道和无顶盖出入口坡道，出入口坡道顶盖的挑出长度，为顶盖结构外边线至外墙结构外边线的长度；顶盖以设计图纸为准，对后增加及建设单位自行增加的顶盖等，不计算建筑面积。顶盖不分材料种类（如钢筋混凝土顶盖、彩钢板顶盖、阳光板顶盖等）。地下室出入口见图 2-14。

（7）建筑物架空层及坡地建筑物吊脚架空层，应按其顶板水平投影计算建筑面积。结构层高在 2.20 m 及以上的，应计算全面积；结构层高在 2.20 m 以下的，应计算 1/2 面积。

知识链接：

本规则适用于建筑物吊脚架空层、深基础架空层建筑面积的计算，也适用于目前部分住宅、学校教学楼等工程在底层架空或在二楼或以上某个甚至多个楼层架空，作为公共活动、停车、绿化等空间的建筑面积的计算。架空层中有围护结构的建筑空间按相关规定计算。建筑物吊脚架空层见图 2-15。

（8）建筑物的门厅、大厅应按一层计算建筑面积，门厅、大厅内设置的走廊应按走廊结构底板水平投影面积计算建筑面积。结构层高在 2.20 m 及以上的，应计算全面积；结构层高

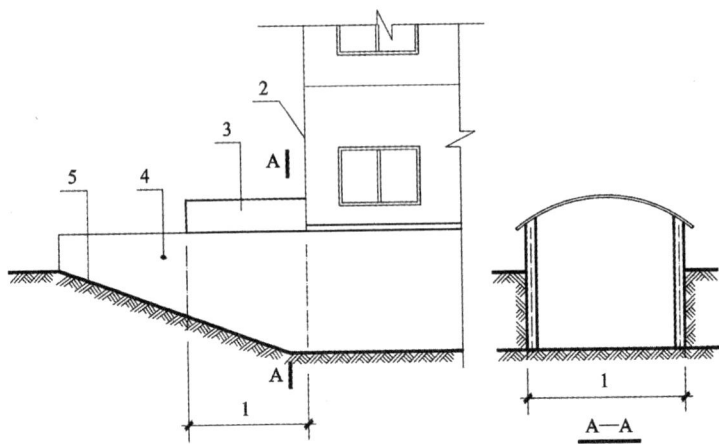

图 2-14　地下室出入口

1—计算 1/2 投影面积部位；2—主体建筑；3—出入口顶盖；4—封闭出入口侧墙；5—出入口坡道

在 2.20 m 以下的，应计算 1/2 面积。

知识链接：

"门厅、大厅内设有回廊"是指，建筑物大厅、门厅的上部(一般该大厅、门厅占两个或两个以上建筑物层高)四周向大厅、门厅、中间挑出的走廊称为回廊。

(9)建筑物间的架空走廊，有顶盖和围护结构的，应按其围护结构外围水平面积计算全面积；无围护结构、有围护设施的，应按其结构底板水平投影面积计算 1/2 面积。

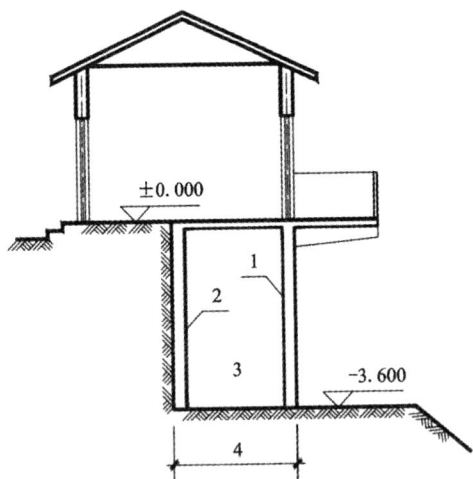

图 2-15　建筑吊脚架空层

1—柱；2—墙；3—吊脚架空层；4—计算建筑面积部位

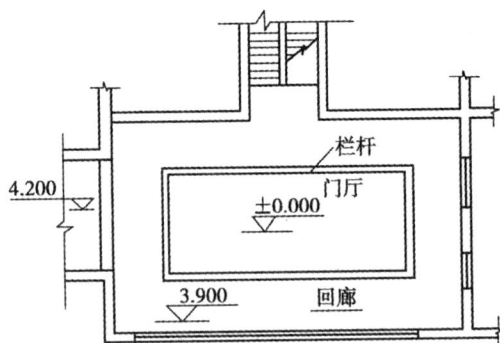

图 2-16　某办公楼回廊

知识链接:

架空走廊是指建筑物与建筑物之间,在二层或二层以上专门为水平交通设置的走廊。无围护结构的架空走廊见图 2-17,有围护结构的架空走廊见图 2-18。

图 2-17　无围护结构的架空走廊
1—栏杆;2—架空走廊

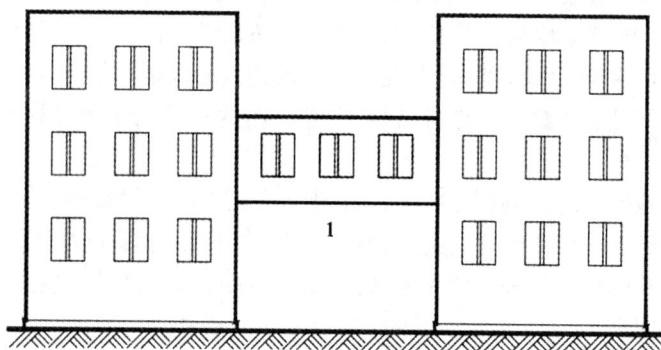

图 2-18　有围护结构的架空走廊
1—架空走廊

(10)立体书库、立体仓库、立体车库,有围护结构的,应按其围护结构外围水平面积计算建筑面积;无围护结构、有围护设施的,应按其结构底板水平投影面积计算建筑面积。无结构层的应按一层计算,有结构层的应按其结构层面积分别计算。结构层高在 2.20 m 及以上的,应计算全面积;结构层高在 2.20 m 以下的,应计算 1/2 面积。

知识链接:

本条规则主要规定了图书馆中的立体书库、仓储中心的立体仓库、大型停车场的立体车库等建筑的建筑面积计算规则。起局部分隔、存储等作用的书架层、货架层或可升降的立体钢结构停车层均不属于结构层,故该部分分层不计算建筑面积。

(11)有围护结构的舞台灯光控制室,应按其围护结构外围水平面积计算。结构层高在 2.20 m 及以上的,应计算全面积;结构层高在 2.20 m 以下的,应计算 1/2 面积

(12)附属在建筑物外墙的落地橱窗,应按其围护结构外围水平面积计算。结构层高在 2.20 m 及以上的,应计算全面积;结构层高在 2.20 m 以下的,应计算 1/2 面积。

(13)窗台与室内楼地面高差在 0.45 m 以下且结构净高在 2.10 m 及以上的凸(飘)窗,应按其围护结构外围水平面积计算 1/2 面积。

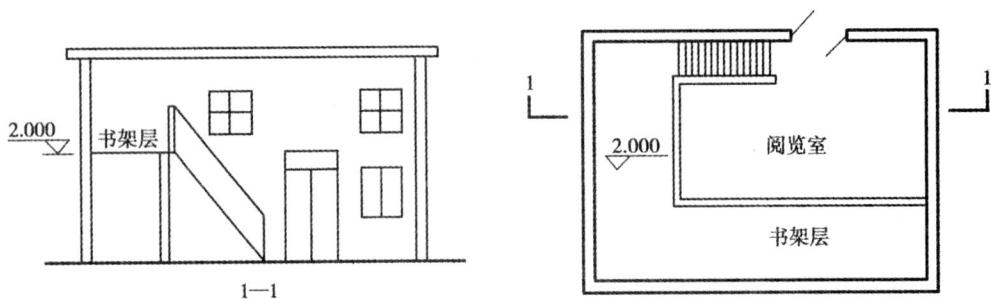

图 2-19　某图书馆立体书库

知识链接：

落地橱窗是突出外墙面，根基落地的橱窗。在商业建筑临街面设置的下槛落地、可落在室外地坪也可落在室内首层地板，用来展览各种样品的玻璃窗。

凸窗（飘窗）既作为窗，就有别于楼（地）板的延伸，也就是不能把楼（地）板延伸出去的窗称为凸窗（飘窗）。凸窗（飘窗）的窗台应只是墙面的一部分且距（楼）地面应有一定的高度。

（14）有围护设施的室外走廊（挑廊），应按其结构底板水平投影面积计算 1/2 面积；有围护设施（或柱）的檐廊，应按其围护设施（或柱）外围水平面积计算 1/2 面积。

（15）门斗应按其围护结构外围水平面积计算建筑面积。结构层高在 2.20 m 及以上的，应计算全面积；结构层高在 2.20 m 以下的，应计算 1/2 面积。

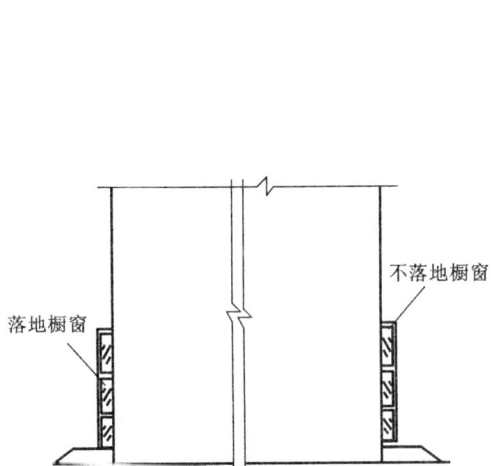

图 2-20　落地橱窗

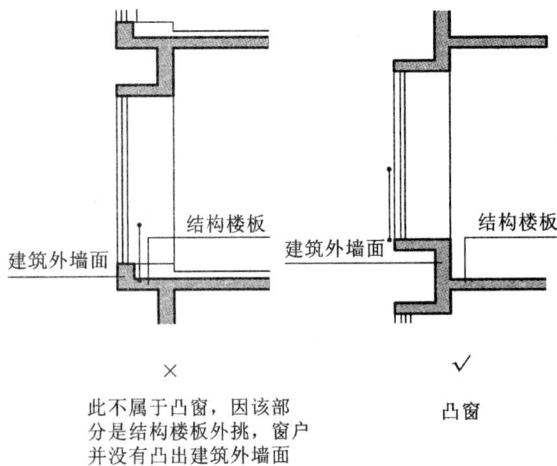

此不属于凸窗，因该部分是结构楼板外挑，窗户并没有凸出建筑外墙面

凸窗

图 2-21　凸窗

知识链接：

门斗是指在建筑物出入口设置的起分隔、挡风、御寒等作用的建筑过渡空间。保温门斗一般有围护结构。如图 2-22 所示。

162

挑廊是指挑出建筑物外墙的水平交通空间；走廊指建筑物的水平交通空间；檐廊是指设置在建筑底层檐下的水平交通空间。

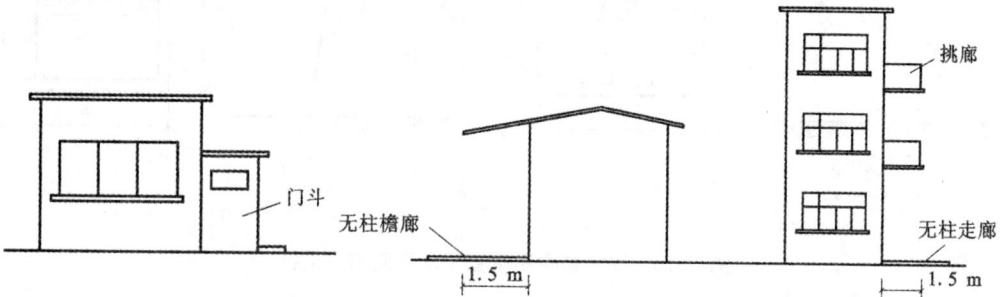

图 2-22　门斗、走廊、檐廊、挑廊

（16）门廊应按其顶板水平投影面积的 1/2 计算建筑面积；有柱雨篷应按其结构板水平投影面积的 1/2 计算建筑面积；无柱雨篷的结构外边线至外墙结构外边线的宽度在 2.10 m 及以上的，应按雨篷结构板的水平投影面积的 1/2 计算建筑面积。

知识链接：

雨篷是指建筑物出入口，上方凸出墙面、为遮挡雨水而单独设立的建筑部件。雨篷划分为有柱雨篷（包括独立柱雨篷多柱雨篷、柱墙混合支撑雨篷、墙支撑雨篷）和无柱雨篷（悬挑雨篷）。如凸出建筑物，且不单独设立顶盖，利用上层结构板（如楼板、阳台底板）进行遮挡，则不视为雨篷，不计算建筑面积。对于无柱雨篷，如顶盖高度达到或超过两个楼层时，也不视为雨篷，不计算建筑面积。

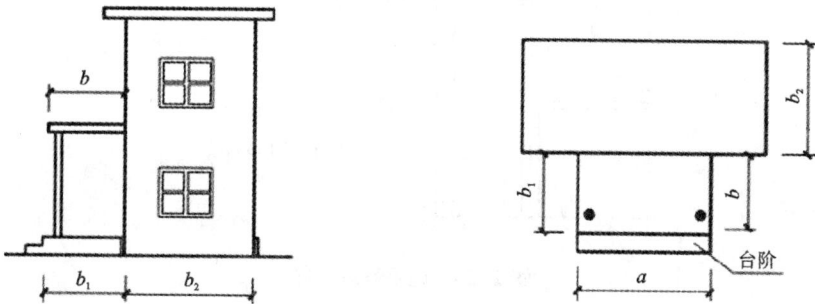

图 2-23　雨棚

（17）设在建筑物顶部的、有围护结构的楼梯间、水箱间、电梯机房等，结构层高在 2.20 m 及以上的应计算全面积，结构层高在 2.20 m 以下的，应计算 1/2 面积。

（18）围护结构不垂直于水平面的楼层，应按其底板面的外墙外围水平面积计算。结构净高在 2.10 m 及以上的部位，应计算全面积；结构净高在 1.20 m 及以上至 2.10 m 以下的部位，应计算 1/2 面积；结构净高在 1.20 m 以下的部位，不应计算建筑面积。

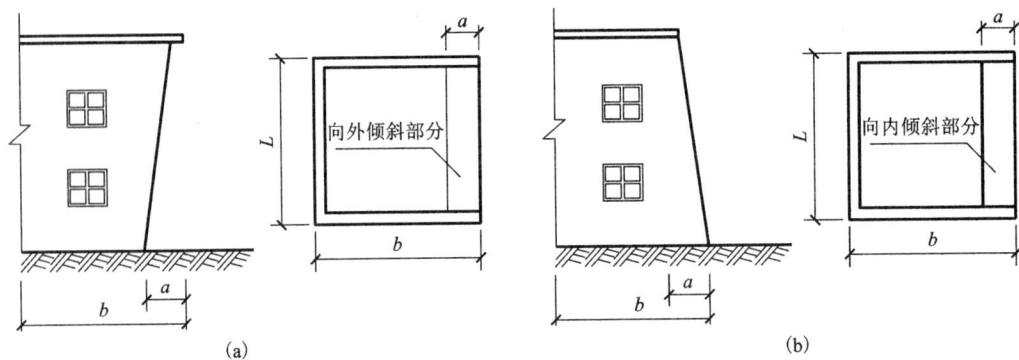

图 2-24　围护结构不垂直于水平面的建筑物

（19）建筑物的室内楼梯、电梯井、提物井、管道井、通风排气竖井、烟道，应并入建筑物的自然层计算建筑面积。有顶盖的采光井应按一层计算面积，结构净高在 2.10 m 及以上的，应计算全面积，结构净高在 2.10 m 以下的，应计算 1/2 面积。

知识链接：

建筑物的楼梯间层数按建筑物的层数计算。有顶盖的采光井包括建筑物中的采光井和地下室采光井。地下室采光井见图 2-25。

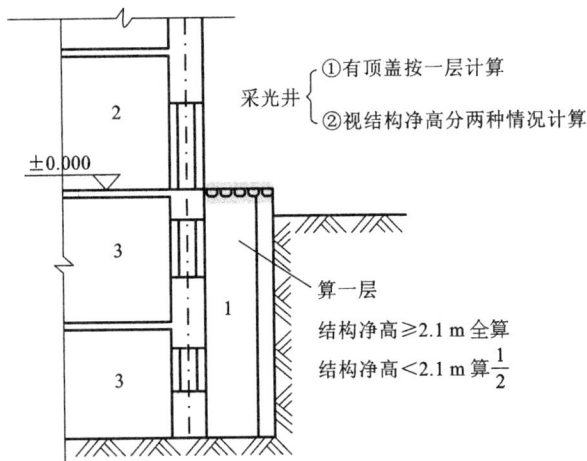

图 2-25　地下室采光井

（20）室外楼梯应并入所依附建筑物自然层，并应按其水平投影面积的 1/2 计算建筑面积。

知识链接：

室外楼梯作为连接该建筑物层与层之间交通不可缺少的基本部件，无论从其功能还是工程计价的要求来说，均需计算建筑面积。层数为室外楼梯所依附的楼层数，即梯段部分投影到建筑物范围的层数。利用室外楼梯下部的建筑空间不得重复计算建筑面积；利用地势砌筑的为室外踏步,不计算建筑面积。

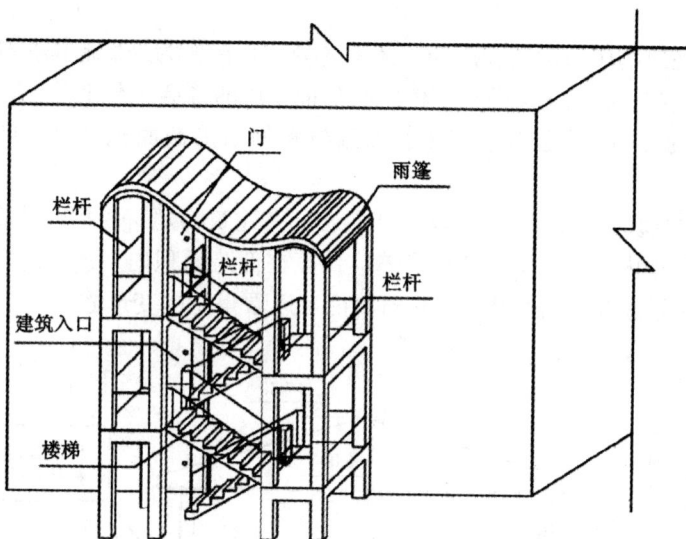

图 2-26 室外楼梯

(21)在主体结构内的阳台,应按其结构外围水平面积计算全面积;在主体结构外的阳台,应按其结构底板水平投影面积计算 1/2 面积。

建筑物的阳台,不论其形式如何,均以建筑物主体结构为界分别计算建筑面积。

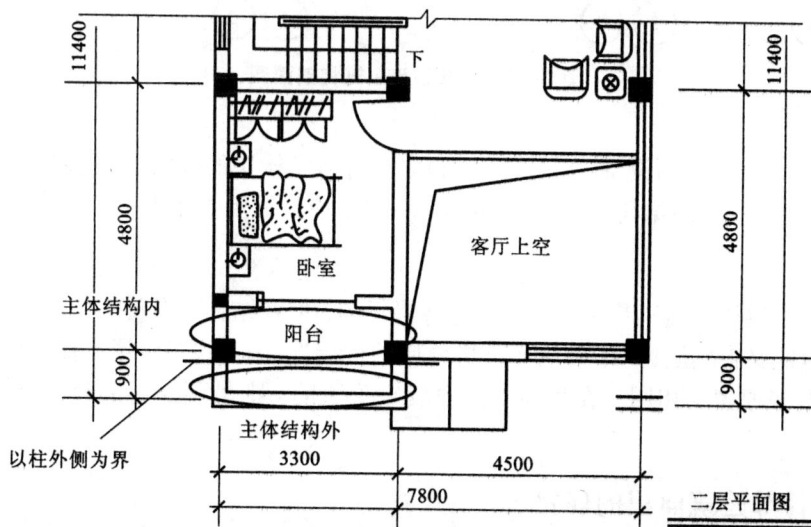

图 2-27 阳台平面图

(22)有顶盖无围护结构的车棚、货棚、站台、加油站、收费站等,应按其顶盖水平投影面积的 1/2 计算建筑面积。

(23)以幕墙作为围护结构的建筑物，应按幕墙外边线计算建筑面积。

知识链接：

幕墙以其在建筑物中所起的作用和功能来区分。直接作为外墙起围护作用的幕墙，按其外边线计算建筑面积；设置在建筑物墙体外起装饰作用的幕墙，不计算建筑面积。

(24)建筑物的外墙外保温层，应按其保温材料的水平截面积计算，并计入自然层建筑面积。

(25)与室内相通的变形缝，应按其自然层合并在建筑物建筑面积内计算。对于高低联跨的建筑物，当高低跨内部连通时，其变形缝应计算在低跨面积内。这里的变形缝是指与室内相通的变形缝，是暴露在建筑物内，在建筑物内可以看得见的变形缝。

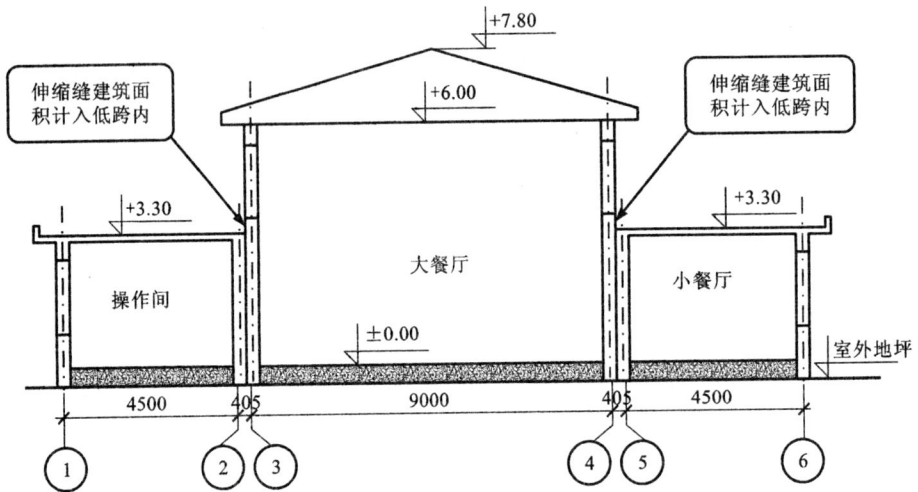

图 2-28　高低联跨建筑物剖面图

(26)对于建筑物内的设备层、管道层、避难层等有结构层的楼层，结构层高在 2.20 m 及以上的，应计算全面积；结构层高在 2.20 m 以下的，应计算 1/2 面积。

知识链接：

设备层、管道层虽然其具体功能与普通楼层不同，但在结构上及施工消耗上并无本质区别，且本规范定义自然层为"按楼地面结构分层的楼层"，因此设备、管道楼层归为自然层，其计算规则与普通楼层相同。在吊顶空间内设置管道的，则吊顶空间部分不能被视为设备层、管道层。

三、不计算建筑面积的规定

(1)与建筑物内不相连通的建筑部件。

(2)骑楼、过街楼底层的开放公共空间和建筑物通道。

(3)舞台及后台悬挂幕布和布景的天桥、挑台等；这里指的是影剧院的舞台及为舞台服务的可供上人维修、悬挂幕布、布置灯光及布景等搭设的天桥和挑台等构件设施。

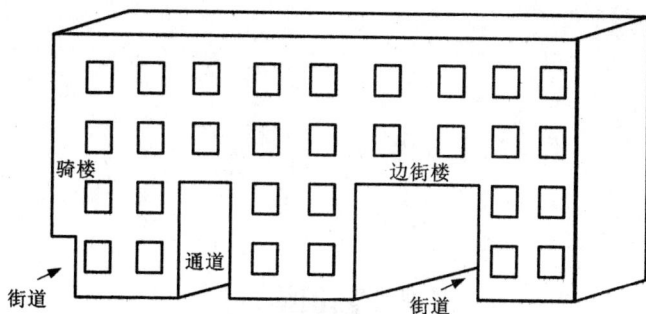

图 2-29　骑楼、过街楼、建筑物通道示意图

(4)露台、露天游泳池、花架、屋顶的水箱及装饰性结构构件。

(5)建筑物内的操作平台、上料平台、安装箱和罐体的平台。

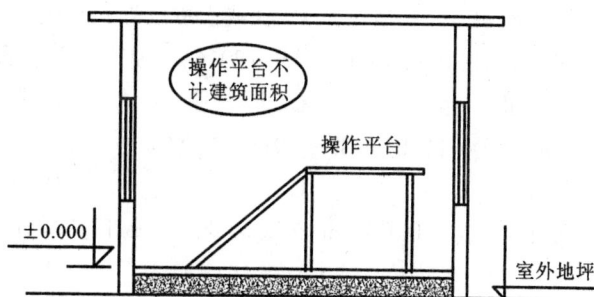

图 2-30　某车间操作平台

(6)勒脚、附墙柱(是指非结构性装饰柱)、垛、台阶、墙面抹灰、装饰面、镶贴块料面层、装饰性幕墙，主体结构外的空调室外机搁板(箱)、构件、配件，挑出宽度在 2.10 m 以下的无柱雨篷和顶盖高度达到或超过两个楼层的无柱雨篷。

(7)窗台与室内地面高差在 0.45 m 以下且结构净高在 2.10 m 以下的凸(飘)窗，窗台与室内地面高差在 0.45 m 及以上的凸(飘)窗。

(8)室外爬梯、室外专用消防钢楼梯。

知识链接：

室外钢楼梯需要区分具体用途，如专用于消防的楼梯，则不计算建筑面积，如果是建筑物唯一通道，兼用于消防，则需要按室外楼梯计算建筑面积。

(9)无围护结构的观光电梯。

知识链接：

无围护结构的观光电梯是指电梯轿厢直接暴露，外侧无井壁，不计算建筑面积。如果观光电梯在电梯井内运行时(井壁不限材料)，观光电梯井按自然层计算建筑面积。

(10)建筑物以外的地下人防通道，独立的烟囱、烟道、地沟、油(水)罐、气柜、水塔、贮油(水)池、贮仓、栈桥等构筑物。

【思政港湾】

盲目赶工酿惨剧

【基础知识练习】

一、单选题(以下各题有且只有一个正确答案)

1. 工期定额是指在一定的经济和社会条件下，在一定时期内建设行政主管部门制定并发布的工程项目建设消耗的(   )标准。

A. 人工 B. 材料 C. 机械台班 D. 时间

2. 根据《建筑安装工程工期定额》(TY 01—89—2016)，湖南、广东属于(   )类地区。

A. Ⅰ B. Ⅱ C. Ⅲ D. Ⅳ

3. 《建筑安装工程工期定额》(TY 01—89—2016)分为(   )部分。

A. 1 B. 2 C. 3 D. 4

4. 民用建筑工程工期计算时，±0.000 m 以下工程(无地下室工程)，其工期按(   )计算。

A. 首层建筑面积 B. 总建筑面积

C. 建筑物外形体积 D. 首层使用面积

5. 《建筑安装工程工期定额》(TY 01—89—2016)，是指自(   )起，到完成各章、节所包括的全部工程内容，并达到国家验收标准之日止的全过程所需的日历天数。

A. 开工之日 B. 中标之日

C. 合同签订之日 D. 竣工验收之日

6. 根据《建筑安装工程工期定额》(TY 01—89—2016)，民用建筑工程中的无地下室工程的工期计算按(   )计算。

A. ±0.000 m 以下建筑面积 B. ±0.000 m 以上所有层建筑面积

C. 首层建筑面积 D. 二层以上所有层建筑面积

7. (   )按±0.000 m 以下工程与±0.000 m 以上工程工期之和计算。

A. 工程总工期 B. ±0.000 m 以上工程工期

C. ±0.000 m 以下工程工期 D. 基础工程工期

8. 通过对单项工程的调查整理、分析处理，找出一个或几个与工程密切相关的参数与工期，建立平面直角坐标系，再把调查来的数据经过处理后反映在坐标系内，运用数据回归的原理，求出所需要的数据，用以确定建设工期。这种方法称为(   )。

A. 网络法，也称关键线路法(CPM)

B. 专家评审法(德尔菲法)

C. 评审技术法

D. 曲线回归法

9. ( )因素也就是地区不同的因素。如北方地区冬季较长,南方则较短,南方雨量较多,而北方雨量少些。一般将全国划分为Ⅰ、Ⅱ、Ⅲ类地区。

A. 空间   B. 时间   C. 温度   D. 湿度

10. 春、夏、秋、冬开工时间不同对施工工期有一定的影响,冬季开始施工的工程,有效工作天数相对较少,施工费用高,工期也较长。春、夏季开工的项目可赶在冬天到来之前完成主体,冬天则进行辅助工程和室内工程施工,可以缩短建设工期。这种对工期影响的因素称为( )因素。

A. 空间   B. 时间   C. 温度   D. 湿度

11. 下列项目应计算建筑面积是( )。

A. 地下室的采光井   B. 室外台阶

C. 与建筑物室内相连通的变形缝   D. 建筑物的通道

12. 下列不计算建筑面积的是( )。

A. 屋顶有围护结构的水箱间   B. 凸出墙外的腰线

C. 室外有永久性顶盖的楼梯   D. 与建筑物室内相连通的变形缝

13. 根据《建筑工程建筑面积计算规范》,不应计算建筑面积的是( )。

A. 建筑物外墙外侧保温层

B. 与建筑物室内相连通的变形缝

C. 无围护设施的架空走廊

D. 有围护结构的屋顶水箱间

14. 按照《建筑工程建筑面积计算规范》的规定,地下室、半地下室按( )计算建筑面积。

A. 其上口外墙外围水平面积和采光井面积

B. 其上口净空面积

C. 其下口净空面积

D. 其上口外墙外围水平面积

15. 根据《建筑工程建筑面积计算规范》,多层建筑物坡屋顶内和场馆看台下,建筑面积的计算,正确的是( )。

A. 设计不利用的净高超过 2.10 m 的部位计算全面积;

B. 设计加以利用,净高 2.0 m 部位计算 1/2 面积;

C. 设计不利用净高在 1.20~2.10 m 的部位计算 1/2 面积;

D. 层高在 2.20 m 及以上者计算建筑面积。

16. 建筑面积不包括( )。

A. 使用面积   B. 辅助面积

C. 结构面积   D. 公共面积

17. 下列项目应计算建筑面积的是( )。

A. 台阶   B. 与建筑物不相连通的建筑构件

C. 无围护结构的观光电梯   D. 有顶盖的车棚

18. 雨蓬到墙结构外边线的宽度≤2.10 m 者( )。

A. 应按雨蓬板的水平投影面积计算

B. 根据雨蓬构造形式计算

C. 应按雨蓬结构板的水平投影面积 1/2 计算

D. 不计算

19. 建筑物的门厅、大厅 6 m 净高，按(　　　)计算建筑面积。

A. 实际层　　　　　　B. 自然层　　　　　　C. 多层　　　　　　D. 一层

20. 没有围护结构直径 2.2 m、高 2 m 的屋顶圆形水箱，其建筑面积(　　　)；

A. 不计算　　　　　　B. 3.80 m²　　　　　　C. 1.90 m²　　　　　　D. 8.40 m²

二、多选题(以下各题有两个及两个以上正确答案)

1. 按照建筑面积计算规范，以下说法正确的是(　　　)。

A. 建筑物顶部有围护结构的楼梯间，层高不足 2.20 米的不计算建筑面积

B. 建筑物外有永久性顶盖的无围护结构走廊，层高超过 2.20 米的全计算

C. 建筑物大厅内层高不足 2.20 米的回廊按其结构底板的水平面积的 1/2 计算

D. 与建筑物室内相连通的变形缝按其自然层合并在建筑面积内计算

2. 以下说法正确的是(　　　)。

A. 单层建筑物高度在 2.20 m 及以上者应计算全面积

B. 单层建筑物高度在 2.10 m 及以上者应计算全面积

C. 单层建筑物高度不足 2.20 m 者应计算 1/2 面积

D. 单层建筑物利用坡屋顶内空间时层高超过 2.10 m 的部位应计算全面积

E. 单层建筑物利用坡屋顶内空间时净高超过 2.10 m 部位应计算全面积

3. 按照《建筑工程建筑面积计算规范》的规定，下列各项中，按一半计算建筑面积的有(　　　)。

A. 建筑物内的提物井

B. 建筑物顶部有围护结构层高不足 2.20 m 的楼梯间

C. 无围护结构的屋顶凉棚

D. 有永久性顶盖的室外楼梯

4. 按照《建筑工程建筑面积计算规范》的规定，不应计算建筑面积的有(　　　)。

A. 建筑物通道(骑楼、过街楼的底层)

B. 建筑物内分隔的单层房间

C. 附墙柱、垛

D. 空调室外机搁板。

5. 以下建筑面积应计算 1/2 面积的有(　　　)。

A. 门厅、大厅内的回廊

B. 建筑物的门厅、大厅

C. 半地下车库层高不足 2.20

D. 立体车库层高在 2.20 m 及以上者

E. 建筑物间有永久性顶盖无围护结构的架空走廊

6. 《建筑安装工程工期定额》(TY 01—89—2016)分为(　　　)部分。

A.民用建筑工程　　　　　　　　B.工业及其他建筑工程

C.专业工程　　　　　　　　　　D.基础工程

7.影响工期定额确定的主要因素有(　　　)。

A.时间因素　　　　B.空间因素　　　C.施工对象因素　　　D.施工方法因素

8.工期定额编制的方法有(　　　)。

A.网络法,也称关键线路法(CPM)

B.专家评审法(德尔菲法)

C.评审技术法

D.头脑风暴法

9.以下地区属于Ⅲ类地区的有(　　　)。

A.宁夏　　　　　B.西藏　　　　　C.青海　　　　　D.新疆

10.根据《建筑安装工程工期定额》(TY 01—89—2016),在民用建筑工程工期计算中以下说法正确的是(　　　)。

A.单项(位)工程中层高在2.5 m以内的技术层不计算建筑面积,但计算层数

B.出屋面的楼(电)梯间、水箱间不计算层数

C.单项(位)工程层数超出本定额时,工期可按定额中最高相邻层数的工期差值增加

D.坑底打基础桩,不增加工期

【基本技能训练】

1.某拟建工程,地面以上共12层,有一层地下室,层高4.5 m,并把深基础加以利用做地下架空层,架空层层高2.8 m;

(1)第三层为设备管道层,层高为2.2 m;

(2)底层勒脚以上外围水平投影面积为600 m²,2~12层外围水平投影面积均为600 m²;

(3)大楼入口处有一台阶,水平投影面积为10 m²,上面设有矩形雨蓬,两个圆形柱支撑,其顶盖悬挑出外墙面2.1 m水平投影面积为16 m²,柱外围水平投影面积为12 m²;

(4)屋面上部设有楼梯间及电梯机房层高为2.2 m,其围护结构面积为40 m²;

(5)底层设有中央大厅,跨二层楼高,大厅面积为200 m²;

(6)地下室上口外墙外围水平面积为600 m²,如防潮层及保护墙,则外围水平面积为650 m²,地下架空层外围水平面积为600 m²;

(7)室外设有二座自行车棚,其一为单排柱,其顶盖水平投影面积为100 m²,另一为双排柱,其顶盖水平投影面积为120 m²,柱外围水平面积为80 m²。

计算该工程的建筑面积是多少?

2.某多层住宅平面图、立面图分别如图2-31、2-32,变形缝宽度为0.20 m,阳台水平投影尺寸为1.80×3.60(m)(共18个),雨蓬水平投影尺寸为2.60×4.00(m),坡屋面阁楼室内净高最高点为3.65 m,坡屋面坡度为1:2;平屋面女儿墙顶标高为11.60 m。请按建筑工程建筑面积计算规范(GB/T50353—2013)计算该住宅的建筑面积。

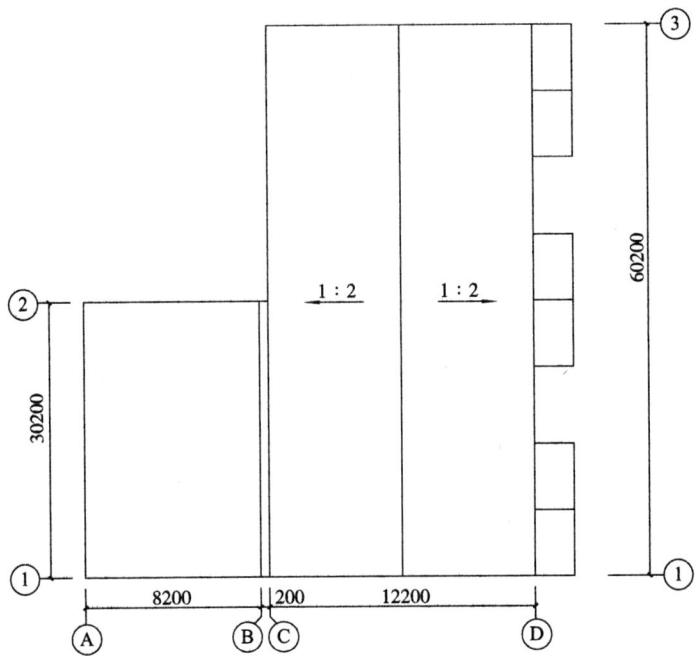

图 2-31　建筑平面图

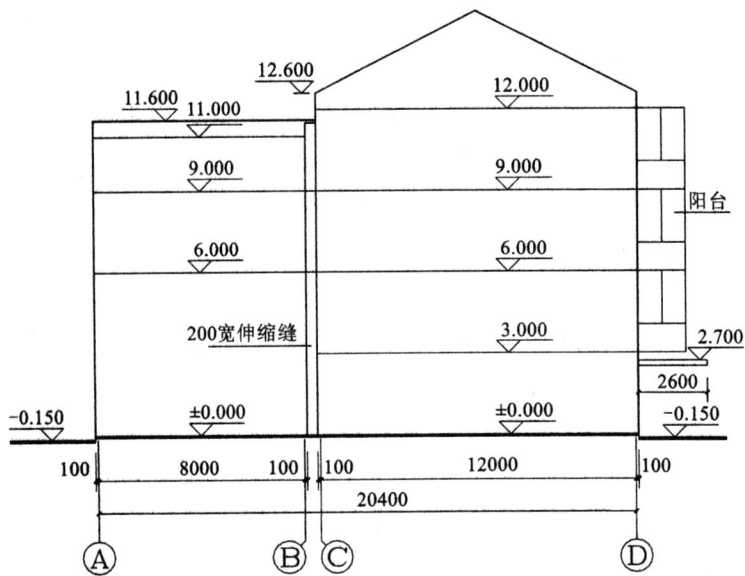

图 2-32　建筑立面图

模块三

工程造价编制理论与方法

任务一 工程量计算规则认知

工程量计算规则认知 –导学

工程量计算是工程造价计算的一项重要内容,工程量计算规则是计算分项工程项目工程量时,确定施工图尺寸数据、内容取定、工程量调整系数、工程量计算方法的重要规定。

工程量计算规则认知

【知识目标】

(1)掌握工程量的概念;

(2)掌握工程量计算规则的作用;

(3)了解制定工程量计算规则的原则。

【技能目标】

(1)能正确说明工程量计算规则的作用;

(2)能正确理解制定工程量计算规则的原则。

【素质目标】

(1)具有良好的职业道德和诚信品质;

(2)具有较强的敬业精神和责任意识;

(3)具有较好的团队协作能力;

(4)具有较好的吃苦耐劳、精益求精的工匠精神;

(5)具有查找资料、使用资料的能力。

一、工程量的概念

工程量是指用物理计量单位或自然计量单位表示的分项工程实物数量。

物理计量单位系指用公制度量表示的"m、m²、m³、t、kg"等单位。例如,楼梯扶手以"m"为单位,水泥砂浆抹地面以"m²"为单位,预应力空心板的制作安装以"m³"为单位,钢筋制作安装以"t"为单位等。

自然计量单位系指个、组、件、套等具有自然属性的单位。例如,砖砌拖布池以"套"为单位,雨水斗以"个"为单位,洗脸盆以"组"为单位,日光灯安装以"套"为单位等。

二、工程量计算规则的作用

工程量计算规则是计算分项工程项目工程量时,确定施工图尺寸数据、内容取定、工程量调整系数、工程量计算方法的重要规定。工程量计算规则是具有权威性的规定,是确定工程消耗量的重要依据,主要作用如下。

1. 确定工程量项目的依据

例如,工程量计算规则规定,建筑场地挖填土方厚度在±30 cm以内及找平,算人工平整场地项目,超过±30 cm就要按挖土方项目计算了。

2. 施工图尺寸数据取定,内容取舍的依据

例如,外墙墙基按外墙中心线长度计算,内墙墙基按内墙净长计算,基础大放脚T形接

头处的重叠部分、0.3 m² 以内洞口所占面积不予扣除，但靠墙暖气沟的挑檐亦不增加。又如，计算墙体工程量时，应扣除门窗洞口、嵌入墙身的钢筋混凝土圈梁、过梁体积，不扣除梁头、外墙板头、加固钢筋及每个面积在 0.3 m² 以内孔洞等所占体积，突出墙面的窗台虎头砖、压顶线、三皮砖以内的腰线亦不增加。

3. 确定工程量调整系数

例如，计算规则规定，木百页窗油漆工程量按单洞口面积乘以系数 1.25。

4. 规定工程量计算方法

例如，计算规则规定，满堂脚手架增加层的计算方法为：

$$满堂脚手架增加层 = \frac{室内净高 - 5.2 \text{ m}}{1.2 \text{ m}}$$

三、制定工程量计算规则的原则

1. 力求工程量计算的简化

工程量计算规则制定时，要尽量考虑工程造价人员在编制工程造价时，简化工程量计算过程。例如，砖墙体积内不扣除梁头板头体积，也不增加突出墙面虎头砖、压顶线的体积的计算规则规定，就符合这一精神。

2. 计算规则与定额消耗量的关系

凡是工程量计算规则指出不扣除或不增加的内容，在编制预算定额（或消耗量定额）时都进行了处理。因为在编制预算定额（或消耗量定额）时，都要通过典型工程相关工程量统计分析后，进行抵扣处理。也就是说，计算规则注明不扣除的内容，编制定额时已经扣除；计算规则说不增加的内容，在编制预算定额（或消耗量定额）时已经增加了。所以，定额的消耗量与工程量的计算规则是相对的。

3. 制定工程量计算规则应考虑定额水平的稳定性

虽然编制预算定额（或消耗量定额）是通过若干个典型工程，测算定额项目的工程实物消耗量。但是，也要考虑制定工程量计算规则变化幅度大小的合理性，使计算规则在编制工程造价确定工程量时具有一定的稳定性，从而使预算定额（或消耗量定额）水平具有一定的稳定性。

四、工程量计算规则的运用原则

工程量计算规则就像体育运动比赛规则一样，具有事先约定的公开性、公平性和权威性。凡是使用预算定额（或消耗量定额）编制施工图预算（或相应工程造价文件）的，就必须按此规则计算工程量。因为，工程量计算规则与预算定额项目（或消耗量定额项目）之间有着严格的对应关系。运用好工程量计算规则是保证施工图预算（或相应工程造价文件）准确性的基本保证。

1. 全面理解工程量计算规则

定额消耗量的取舍与工程量计算规则是相对应的，所以，全面理解工程量计算规则是正确计算工程量的基本前提。

工程量计算规则中贯穿着一个规范工程量计算和简化工程量计算规则的精神。

所谓规范工程量计算，是指不能以个人的理解来运用计算规则，也不能随意改变规则。例如，楼梯水泥砂浆面层抹灰，包括休息平台在内，不能误认为只算楼梯踏步。

简化工程量计算的原则，包括以下几个方面：

(1)计算较烦琐但数量又较小的内容，计算规则处理为不计算或不扣除。但是在编制定额时都作为扣除或增加处理，这样，计算工程量就简化了。例如，砖墙工程量计算中，规定不扣除梁头、板头所占体积，也不增加挑出墙外窗台线和压顶线的体积等。

(2)工程量不计算，但定额消耗量已包括。例如，方木屋架的夹板、垫木已包括在相应屋架制作定额项目中，工程量不再计算。此方法，也简化了工程量计算。

(3)精简了定额项目。例如，各种木门油漆的定额消耗量之间有一定的比例关系。于是，预算定额只编制单层木门的油漆项目，其他门，例如，双层木门、百叶木门的油漆工程量通过计算规则规定的工程量乘以系数的方法来实现定额的套用。所以，这种方法精简了预算定额项目。

2. 领会精神，灵活处理

(1)按实际情况分析工程量计算范围

工程量计算规则规定，楼梯面层按水平投影面积计算。具体做法是，将楼梯和休息平台综合为投影面积计算，不需要展开面积计算。这种规定，简化了工程量计算。但是，遇到单元式住宅时，选样计算楼梯面积，需要具体分析。

例如，某单元式住宅，每层2跑楼梯，包括了一个休息平台和一个楼层平台。这时，楼层平台是否算入楼梯面积，需要判断。通过分析，我们知道，连接楼梯的楼层平台有内走廊、外走廊、大厅和单元式住宅楼等几种形式。显然，单元式住宅的楼层平台是众多楼层平台中的特殊形式，而楼梯面层定额项目是针对各种楼层平台情况编制的。所以，单元式住宅的楼层平台不应算入楼梯面层内。

(2)领会简化计算精神，处理工程量计算过程

领会了工程量计算规则的制定精神，知道了要规范工程量计算，还要领会简化工程量计算的精神。在工程量计算过程中灵活处理一些实际问题，使计算过程既符合一定准确性要求，也达到了简化计算的目的。

五、工程量计算规则的发展趋势

1. 工程量计算规则的制定有利于工程量的自动计算

如今，随着工程造价算量软件的广泛应用，实现了利用计算机自动算量。因此，工程量计算规则的制定就要符合计算机处理的要求。包括：通过建立数学模型来描述工程量计算规则；各计算规则之间的界定要明晰；要总结计算规则的规律性。

2. 工程量计算规则宜粗不宜细

工程量计算规则要简化，宜粗不宜细，尽量做到方便使用者。这一思路并不影响工程消耗量的准确性，因为可以通过统计分析的方法，将复杂因素处理在预算定额(或消耗量定额)消耗量内。

【思政港湾】

公平公正——
最高法院关于工程量
计算的裁判规则

任务二　工程造价编制理论及方法认知

根据建设阶段的不同，对同一工程的造价，在不同的建设阶段，有不同的名称、内容。分别为：投资估算、设计概算、施工图预算、招标控制价、投标报价、工程结算、工程决算。工程造价的计价方法分为定额计价法、工程量清单计价法。

【知识目标】

(1)掌握静态投资、动态投资的估算方法；

(2)了解工程概算的定义、工程概算的分类；

(3)掌握工程概算的编制方法；

(4)了解建筑工程预算的概念、内容；

(5)掌握确定工程预算造价原理的基础；

(6)了解定额计价模式确定建筑工程预算造价的方法；

(7)掌握工程量清单计价模式确定建设工程造价的数学模型；

(8)工程量清单计价编制内容；

(9)了解工程结算的概念、编制程序、编制依据；

(10)掌握工程结算的编制方法。

【技能目标】

(1)能正确说明静态投资、动态投资的估算方法；

(2)能正确说明工程概算的编制方法；

(3)能正确理解确定工程预算造价原理的基础；

(4)能正确理解定额计价模式确定建筑工程预算造价的方法；

(5)能正确说明工程量清单计价编制内容；

(6)能正确说明工程结算的编制方法。

【素质目标】

(1)具有良好的职业道德和诚信品质；

(2)具有较强的敬业精神和责任意识；

(3)具有较好的团队协作能力；

(4)具有较好的吃苦耐劳、精益求精的工匠精神；

(5)具有查找资料、使用资料的能力。

2.1　投资估算的编制理论及方法

投资估算的编制理论
及方法-导学

一、投资估算的内容

我国建设项目投资估算包括固定资产投资估算和流动资产投资估算两部

分。固定资产投资估算的内容包括建筑安装工程费、设备及工器具购置费、工程建设其他费、基本预备费、涨价预备费、建设期贷款利息、固定资产投资方向调节税。固定资产投资又可以分静态投资和动态投资。静态投资包括建筑安装工程费、设备及工器具购置费、工程建设其他费、基本预备费；动态投资包括涨价预备费、建设期贷款利息、固定资产投资方向调节税。

二、静态投资估算

静态投资估算是指不考虑物价上涨，技术、工艺的提高，建设周期长短，政策改动等因素，只根据建设初期的物价水平进行估算的方法，一般以开工前一年的价格为依据计算。

静态投资估算的方法如表 3-1 所示。

表 3-1 静态投资估算的方法

序号	项目建设阶段	投资估算要求	投资估算方法
1	项目规划和项目建议书阶段	精度要求低	可采用简单估算法，如：单位生产能力估算法、比例估算法、系数估算法
2	可行性研究阶段尤其是详细可行性研究阶段	精度要求高	指标估算法、分类估算法

（一）项目规划和项目建议书阶段静态投资估算方法

1. 单位生产能力估算法

依据调查的资料，利用相近规模的单位生产能力投资乘以建设规模，即得拟建项目投资。其计算公式：

$$C_2 = \frac{C_1}{Q_1} Q_2 f$$

式中：C_1——已建类似项目的静态投资额；

C_2——拟建项目的静态投资额；

Q_1——已建类似项目的生产能力；

Q_2——拟建项目的生产能力；

f——不同时期、不同地点的定额、单价、费用变更等的综合调整系数。

2. 生产能力指数法

生产能力指数法又称指数估算法，它是根据已建成的类似项目生产能力和投资额来粗略估算拟建项目投资额的方法，是对单位生产能力估算法的改进。其计算公式如下：

$$C_2 = C_1 (Q_2/Q_1)^m \cdot f$$

式中：m——生产能力指数，$0 \leqslant m \leqslant 1$，其他符号意义同前。

（1）若已建类似项目的生产规模与拟建项目生产规模相差不大，Q_1 与 Q_2 的比值在 0.5~2 之间，则指数 m 的取值近似为 1。

（2）若已建类似项目的生产规模与拟建项目生产规模相差不大于 50 倍，且拟建项目生产规模的扩大仅靠增大设备规模来达到时，则 m 的取值约在 0.6~0.7 之间；若是靠增加相同规格设备的数量达到时，m 的取值约在 0.8~0.9 之间。

生产能力指数法主要应用于拟建装置或项目与用来参考的已知装置或项目的规模不同的场合。生产能力指数法与单位生产能力估算法相比精确度略高，其误差可控制在±20%以内，尽管估价误差仍较大，但有它独特的好处：即这种估价方法不需要详细的工程设计资料，只知道工艺流程及规模就可以；其次对于总承包工程而言，可作为估价的旁证，在总承包工程报价时，承包商大都采用这种方法估价。

3. 系数估算法

(1) 设备系数法

以拟建项目或装配的设备费为基数，按照已建成的同类项目或装配的建筑安装费和其他工程费用等占设备价值的百分比，求出相应的建筑安装费及其他工程费用等，再加上拟建项目的其他有关费用，其总和即为项目或装配的投资额。其计算公式为：

$$C=E(1+f_1 p_1+f_2 p_2+f_3 p_3+\cdots)+I$$

式中：C——拟建项目投资额；

　　　E——根据拟建项目设备清单按当时当地价格计算出的设备费的总和；

　　　p_1，p_2，p_3——已建项目中安装及其他工程费用等占设备费的百分比；

　　　f_1，f_2，f_3——定额、价格、费用标准等变化的综合调整系数；

　　　I——拟建项目的其他费用。

(2) 主体专业系数法

以拟建项目中的最主要、投资比重较大并与出产能力直接相关的工艺设备的投资数为基数，按照同类型的已建成项目的有关统计资料，计算出拟建项目的各专业工程占工艺设备投资的百分比，据以求出各专业的投资，相加求和，再加上工程其他有关费用，即为项目的总费用。其计算公式为：

$$C=E(1+f_1 p'_1+f_2 p'_2+f_3 p'_3+\cdots)+I$$

式中：p'_1，p'_2，p'_3——已建项目中各专业工程费用等占设备费的百分比。

其余符号含义同前。

4. 比例估算法

以根据已知的同类建设项目主要生产工艺设备占整个建设项目的投资比例，先逐项估算出拟建项目主要生产工艺设备投资，再按比例估算拟建项目的静态投资的方法。其计算公式：

$$I=\frac{1}{K}\sum_{i=1}^{n} Q_i P_i$$

式中：I——拟建项目的总投资；

　　　K——已建项目主要设备投资占拟建项目投资的比例；

　　　n——设备种类数；

　　　Q_i——第 i 种设备的数量；

　　　P_i——第 i 种设备的单价(到厂价格)。

(二) 可行性研究阶段静态投资估算方法

指标估算法是此阶段投资估算的主要方法。首先把拟建建设项目以单项工程或单位工程,按费用性质横向划分为建筑工程费用、设备及工器具购置费用、安装工程费用;然后,根据具体的投资估算指标,进行各单位工程或单项工程投资的估算;在此基础上汇集编制成拟建建设项目的各个单项工程费用和拟建项目的工程费用投资估算。再按相关规定估算工程建设其他费、基本预备费,形成拟建项目的静态投资。

1. 建筑工程费用估算

有单位建筑工程投资估算法、单位实物工程量投资估算法和概算指标投资估算法。

(1)单位建筑工程投资估算法

①单位长度价格法

$$建筑工程费=单位长度建筑工程费指标×建筑工程长度$$

②单位面积价格法

$$建筑工程费=单位面积建筑工程费指标×建筑工程面积$$

③单位容积价格法

$$建筑工程费=单位容积建筑工程费指标×建筑工程容积$$

④单位功能价格法

$$建筑工程费=单位功能建筑工程费指标×建筑工程功能总量$$

(2)单位实物工程量投资估算法

例如大型土方、总平面竖向布置、道路及场地铺砌、厂区综合管网和线路、围墙大门等,分别以立方米、平方米、延长米或座为单位,套用技术标准、结构形式相适应的投资估算指标或类似工程造价资料进行建筑工程费估算。

$$建筑工程费=单位实物工程量建筑工程费指标×实物工程总量$$

(3)概算指标投资估算法

对于没有估算指标,或者建筑工程费占总投资比例大的项目,可采用概算指标投资估算法。

$$建筑工程费=\sum 分部分项实物工程量×概算指标$$

2. 设备及工器具购置费估算

设备购置费根据项目主要设备表及价格、费用资料编制,工器具购置费按设备费的一定比例计取。对于价值高的设备应按单台(套)估算购置费,价值较小的设备可按类估算,国内设备和进口设备应分别估算。

3. 安装工程费估算

安装工程费一般以设备费为基数区分不同类型进行估算。

(1)工艺设备安装费估算

$$工艺设备安装费=设备原价×设备安装费率(\%)$$

或: $$工艺设备安装费=设备吨重×单位重量(吨)安装费指标$$

(2)工艺金属结构、工艺管道安装费估算

工艺金属结构、工艺管道安装费=重量(体积、面积)总量×单位重量(体积、面积)安装费指标

(3)变配电、自控仪表安装工程费估算

$$材料费=设备原价×材料费占设备费百分比$$

$$材料安装费=材料费×材料安装费率(\%)$$

4. 工程建设其他费估算

有合同或协议明确的费用按合同或协议列入；无合同或协议明确的费用，根据国家和各行业部门、工程所在地地方政府的有关工程建设其他费用定额(规定)和计算办法估算。

5. 基本预备费估算

$$基本预备费 = (工程费用 + 工程建设其他费用) \times 基本预备费费率(\%)$$

二、动态投资估算

建设投资动态部分主要包括价格变动可能增加的投资额、建设期利息两部分内容，如果是涉外项目，还应该计算汇率的影响。动态部分的估算应以基准年静态投资的资金使用计划为基础来计算，而不是以编制的年静态投资为基础计算。

1. 价差预备费的估算

价差预备费的估算可按国家或部门(行业)的具体规定执行，一般按下式计算：

$$PF = \sum_{t=1}^{n} I_t \left[(1+f)^m (1+f)^{0.5} (1+f)^{t-1} - 1 \right] \quad (t = 1 \sim n)$$

式中：I_t——第 t 年投资计划额；

　　　f——年均投资价格上涨率；

　　　n——建设期年份数；

　　　m——建设前期年份数。

2. 建设期贷款利息的估算

建设期内贷款利息是指项目贷款在建设期内发生并计入固定资产投资的利息。对于有多种借款资金来源，每笔借款的年利率各不相同的项目，既可分别计算每笔借款的利息，也可先计算出各笔借款加权平均的年利率，并以此利率计算全部借款的利息。

(1)对于贷款总额一次性贷出且利率固定的款项，可按下式计算

$$F = P(1+i)^n$$

$$贷款利息 = F - P$$

式中：P——一次性贷款金额；

　　　F——建设期还款时的本利和；

　　　i——年利率；

　　　n——贷款期限。

(2)当总贷款分年均衡发放时，建设期利息的计算可按当年借款在年中支用考虑。当年借款按半年计息，即上年度借款按全年计息，计算公式为：

$$Q = \left(P_{j-1} + \frac{1}{2} A_j \right) \times i$$

式中：Q——建设期 I 年应计利息；

　　　P_{J-1}——建设期第 $(j-1)$ 年末贷款累计金额与利息累计金额之和；

　　　A_j——建设期第 j 年贷款金额；

　　　i——年利率。

每百平方米或万元民用建筑工程平均综合材料耗用量见表 3-2。

表 3-2　每百平方米或万元民用建筑工程平均综合材料耗用量(安徽)

序号	结构类型	计量单位	钢筋/t	水泥/t	木材/m³	砖/千块	瓦/千张	砂/m³	石子/m³	毛石/m³	石灰 t	电线 t	镀锌管/t	焊接管/t	铸铁管/t
1	混合	/100 m²	1.4	11.3	5.19	27		33.4	23.4	9.5	5.06	0.013	0.033	0.152	0.165
		/万元	2	16.1	7.41	38.6		47.7	33.4	13.6	7.23	1.019	0.047	0.217	0.236
2	砖木	/100 m²	0.155	4	7.88	28.8	2.13	25.9	8.8	10.8	4.7	0.005	0.03	0.114	0.12
		/万元	0.238	6.15	12.1	44.3	3.28	39.8	13.5	16.6	7.23	0.008	0.046	0.175	0.185

2.2　工程概算编制理论与方法

一、工程概算的分类

1.设计概算

设计概算是在初步设计或扩大初步设计阶段,由设计单位根据初步设计或扩大初步设计图纸,概算定额、指标,工程量计算规则,材料、设备的预算单价,建设主管部门颁发的有关费用定额或取费标准等资料预先计算工程从筹建至竣工验收交付使用全过程建设费用经济文件。简言之,即计算建设项目总费用。

2.修正概算

在技术设计阶段,由于设计内容与初步设计的差异,设计单位应对投资进行具体核算,对初步设计概算进行修正而形成的经济文件,其作用与设计概算相同。

二、工程概算的编制方法

1.单位建筑工程概算编制方法

(1)概算定额法

当初步设计或扩大初步设计有一定深度,建筑和结构的设计又比较明确,有关的工程量数据基本上能满足执行概算定额编概算的要求时,可以根据概算定额结合有关的取费标准及规定编制设计概算。

具体步骤如下:

1)按照概算定额分部分项顺序,列出各分项工程的名称,简称列项。

2)确定各分部分项工程项目的概算定额单价。(一般套用概算定额,或经调整的指标)

计算概算定额单价的公式如下:

概算定额单价=概算定额人工费+概算定额材料+概算定额机械台班使用费

　　　　　　=∑(概算定额中人工消耗量×人工单价)

　　　　　　+∑(概算定额中材料消耗量×材料单价)

　　　　　　+∑(概算定额中机械台班消耗量×机械台班单价)

3)计算单位工程直接工程费和直接费。

工程概算编制理论
与方法-导学

工程概算编制理论
与方法

4）根据直接费，结合其他各项取费标准，分别计算间接费、利润和税金。

5）计算单位工程概算造价：

$$单位工程概算造价 = 直接费 + 间接费 + 利润 + 税金$$

（2）概算指标法

概算指标法采用直接工程费指标。是将拟建工程的建筑面积或体积乘以技术条件相同或基本相同的概算指标而得出直接工程费，然后按规定计算措施费、间接费、利润和税金等。

该方法适用于初步设计深度不够，不能准确地计算工程量，但工程设计是采用技术比较成熟而又有类似工程概算指标可以利用的情况。因此，其计算精度较低。在资产评估中，可作为估算建（构）筑物重置成本的参考方法。

1）拟建工程结构特征与概算指标相同时的计算

在直接套用概算指标时，拟建工程应符合以下条件：

①拟建工程的建设地点与概算指标中的工程建设地点相同；

②拟建工程的工程特征和结构特征与概算指标中的工程特征、结构特征基本相同；

③拟建工程的建筑面积与概算指标中工程的建筑面积相差不大。

根据选用的概算指标内容，可选用两种套算方法：

套算方法Ⅰ，以指标中所规定的工程每 m^2、m^3 的造价，乘以拟建单位工程建筑面积或体积，得出单位工程的直接工程费，再计算其他费用，即可求出单位工程的概算造价。直接工程费计算公式如下：

$$直接工程费 = 概算指标每 m^2（m^3）工程造价 \times 拟建工程建筑面积（体积）$$

这种简化方法的计算结果参照的是概算指标编制时期的价值标准，未考虑拟建工程建设时期与概算指标编制时期的价差，因此，在计算直接工程费后还应用物价指数另行调整。

套算方法Ⅱ，以概算指标中规定的每 $100\ m^2$ 建筑物面积（或 $1000\ m^3$ 体积）所耗人工工日数、主要材料数量为依据，首先计算拟建工程人工、主要材料消耗量，再计算直接工程费，并取费。在概算指标中，一般规定了 $100\ m^2$ 建筑物面积（或 $1000\ m^3$ 体积）所耗工日数、主要材料数量，通过套用拟建地区当时的人工费单价和主材预算单价，便可得到每 $100\ m^2$（或 $1000\ m^3$ 体积）建筑物的人工费和主材费而无须再作价差调整。计算公式如下：

$100\ m^2$ 建筑面积的人工费 = 指标规定的工日数 × 本地区工日单价

$100\ m^2$ 建筑面积的主要材料费 = $\sum$（指标规定的主要材料数量 × 相应地区材料预算单价）

$100\ m^2$ 建筑面积的其他材料费 = 主要材料数量 × 其他材料费占主要材料费的百分比

$100\ m^2$ 建筑面积的机械使用费 =（人工费 + 主要材料费 + 其他材料费）× 机械使用费所占百分比

$100\ m^2$ 建筑面积的直接工程费 =（人工费 + 主要材料费 + 其他材料费 + 机械使用费）÷ 100

根据直接工程费，结合其他各项取费方法，分别计算措施费、间接费、利润和税金。得到每 m^2 建筑面积的概算单价，乘以拟建单位工程的建筑面积，即可得到单位工程概算造价。

2）拟建工程结构特征与概算指标有局部差异时的调整

当拟建对象的结构特征与概算指标中规定的结构特征有局部不同时，须对概算指标进行调整后方可套用。

①调整概算指标中的每 m²(m³)造价。

将原概算指标中的单方造价进行调整——扣除原概算指标中与拟建工程结构不同部分的造价，增加拟建工程与概算指标结构不同部分的造价，使其成为与拟建工程结构相同的工程单位直接工程费造价。

计算公式如下：

$$结构变化修正概算指标(元/m^2) = J + Q_1P_1 - Q_2P_2$$

式中：J——原概算指标；

Q_1——概算指标中换入结构的工程量；

Q_2——概算指标中换出结构的工程量；

P_1——换入结构的直接工程费单价；

P_2——换出结构的直接工程费单价。

则拟建工程造价为：

直接工程费=修正后的概算指标×拟建工程建筑面积(体积)

求出直接工程费后，再按照规定的取费方法计算其他费用，最终得到单位工程概算价值。

②调整概算指标中的工、料、机数量。

这种方法是将原概算指标中每 100 m²(1000 m³)建筑面积(体积)中的工、料、机数量进行调整，扣除原概算指标中与拟建工程结构不同部分的工、料、机消耗量，增加拟建工程与概算指标结构不同部分的工、料、机消耗量，使其成为与拟建工程结构相同的工、料、机数量。计算公式如下：

$$结构变化修正概算指标的工、料、机数量$$
$$= 原概算指标的工、料、机数量$$
$$+ 换入结构件工程量×相应定额工、料、机消耗量$$
$$- 换出结构件工程量×相应定额工、料、机消耗量$$

以上两种方法，前者是直接修正概算指标单价，后者是修正概算指标工料机数量。

(3)类似工程预算法

类似工程预算法是利用技术条件与设计对象相类似的已完工程或在建工程的工程造价资料来编制拟建工程设计概算的方法。该方法适用于拟建工程初步设计与已完工程或在建工程的设计相类似又没有可用的概算指标的情况，但必须对建筑结构差异和价差进行调整。

1)建筑结构差异的调整

调整方法与概算指标法的调整方法相同。即先确定有差别的项目，然后分别按每一项目算出结构构件的工程量和单位价格(按编制概算工程所在地区的单价)，然后以类似预算中相应(有差别)的结构构件的工程数量和单价为基础，算出总差价。将类似预算的直接工程费总额减去(或加上)这部分差价，就得到结构差异换算后的直接工程费，再行取费得到结构差异换算后的造价。

2)价差调整

类似工程造价的价差调整方法，通常有两种：一是类似工程造价资料有具体的人工、材料、机械台班的用量时，可按类似工程造价资料中的主要材料用量、工日数量、机械台班用量乘以拟建工程所在地的主要材料预算价格、人工单价、机械台班单价，计算出直接工程费，再行取费，即可得出所需的造价指标；二是类似工程造价资料只有人工、材料、机械台班费用和其他费用时，可按下面公式调整：

$$D = A \times K$$

$$K = a\% \times K_1 + b\% \times K_2 + c\% \times K_3 + d\% \times K_4 + e\% \times K_5$$

式中：D——拟建工程单方概算造价；

A——类似工程单方预算造价；

K——综合调整系数；

$a\%$、$b\%$、$c\%$、$d\%$、$e\%$——类似工程预算的人工费、材料费、机械台班费、措施费、间接费占预算造价的比重；

K_1、K_2、K_3、K_{34}、K_5——拟建工程地区与类似工程地区人工费、材料费、机械台班费、措施费、间接费价差系数。

$$K_1 = \frac{拟建工程概算的人工费（或工资标准）}{类似工程预算人工费（或工资标准）}$$

$$K_2 = \frac{\sum（类似工程主要材料数量 \times 编制概算地区材料预算价格）}{\sum 类似地区各主要材料费}$$

其他指标计算思路同上。

2. 单位设备及安装工程概算编制方法

（1）设备购置费概算。设备购置费由设备原价和运杂费两项组成。

$$设备运杂费 = 设备原价 \times 运杂费率$$

（2）设备安装工程概算的编制方法

1）预算单价法。当初步设计较深，有详细的设备清单时，可直接按安装工程预算定额单价编制设备安装工程概算，概算程序与安装工程施工图预算程序基本相同。

2）扩大单价法。当初步设计深度不够，设备清单不完备，只有主体设备或仅有成套设备重量时，可采用主体设备、成套设备的综合扩大安装单价来编制概算。

3）设备价值百分比法，当初步设计深度不够，只有设备出厂价而无详细规格、重量时，安装费可按其占设备费的百分比计算。常用于价格波动不大的定型产品和通用设备产品。计算公式为：

$$设备安装费 = 设备原价 \times 安装费率$$

4）综合吨位指标法。常用于设备价格波动较大的非标准设备和引进设备的安装工程概算。计算公式为：

$$设备安装费 = 设备吨重 \times 每吨设备安装费指标$$

2.3 建筑工程预算编制理论与方法

建筑工程预算编制
理论与方法-导学

一、建筑工程预算的概念

建筑工程预算是在工程设计、交易、施工、竣工等阶段用于确定建筑工程预算造价的经济文件。传统的建筑工程预算由直接费、间接费、利润、税金等费用构成。

根据建标[2013]44 号文的费用划分，建筑工程预算由分部分项工程费、措施项目费、其他项目费、规费和税金等费用构成。

建筑工程预算在施工图设计阶段由设计单位造价人员编制，在招投标阶段由招标人或投标人编制，在施工阶段由施工单位造价人员编制。建筑工程预算的主要作用是确定工程预算造价。

建筑工程预算编制
理论与方法

二、建筑工程预算编制的内容

1.传统的建筑工程预算编制内容

①工程量计算；②套用预算(计价)定额；③定额直接工程费计算；④工、料、机用量分析与汇总；⑤措施费计算；⑥材料、人工、机械台班价差调整；⑦企业管理费计算；⑧规费计算；⑨利润计算；⑩税金计算；⑪将上述费用汇总为工程预算造价。

2.按建标[2013]44 号文费用构成的建筑工程预算编制内容

①工程量计算；②套用预算(计价)定额；③定额直接费计算；④企业管理费、利润计算；⑤单价措施项目费计算；⑥总价措施项目费计算；⑦规费计算；⑧材料、人工、机械台班价差调整；⑨税金计算；⑩将上述费用汇总为工程预算造价。

三、确定工程预算造价原理的基础

1.确定建筑产品

建筑产品是结构复杂、体形庞大的工程，要对这样一类完整产品(建筑物)进行统一定价，不太容易办到，这就需要按照一定的原则，将建筑产品进行合理分解，层层分解到构成完整建筑产品的共同要素——分项工程为止，才能实现对建筑产品定价的目的。

分项工程是经过逐步分解的能够用较为简单的施工过程生产出来的，可以用适当计量单位计算的建筑产品基本构造要素。

2.确定建筑产品消耗量标准——预算定额(消耗量定额)

将建筑工程层层分解后，就能采用一定的方法，编制出单位分项工程所需的人工、材料、机械台班消耗量标准——预算定额。虽然不同的建筑工程由不同的分项工程项目和不同的工程量构成，但是有了预算定额(或消耗量定额)后，就可以计算出价格水平基本一致的工程造价。这是因为预算定额(或消耗量定额)确定的每一单位分项工程所需的人工、材料、机械台班消耗量起到了统一建筑产品劳动消耗水平的作用，从而使我们能够对千差万别的各建筑工程不同的工程数量，计算出符合统一价格水平的工程造价。

如果在预算定额(或消耗量定额)消耗量的基础上再考虑价格因素，用货币量反映定额基价，那么就可以计算出直接费、间接费、利润和税金，而后就能算出整个建筑产品(建筑物)的工程造价。

四、定额计价模式确定建筑工程预算造价的方法

1.单位估价法

单位估价法是编制传统建筑工程预算常采用的方法。该方法根据施工图和预算定额，通过计算，将分项工程直接工程费汇总成单位工程直接工程费后，再根据措施费费率、间接费费率、利润率、税率分别计算出各项费用和税金，最后汇总成单位工程造价。其数学模型如下：

$$工程造价=直接费+间接费+利润+税金$$

即：以直接费为取费基础的工程造价=

$$\left[\sum_{i=1}^{n}(分项工程量\times定额基价)_i\times(1+措施项目费费率+间接费费率+利润率)\right]\times(1+税率)$$

以人工费为取费基础的工程造价=$\left[\sum_{i=1}^{n}(分项工程量\times定额基价)_i+\sum_{i=1}^{n}(分项工程量\times\right.$ 定额基价中的人工费$)_i\times(1+措施费费率+间接费费率+利润率)]\times(1+税率)$

2. 实物金额法

当预算定额中只有人工、材料、机械台班消耗量，而没有定额基价的货币量时，我们可以采用实物金额法来计算工程造价。

实物金额法的基本做法是，先算出分项工程的人工、材料、机械台班消耗量，然后汇总成单位工程的人工、材料、机械台班消耗量，再将这些消耗量分别乘以各自的单价，然后计算措施费，最后汇总成单位工程直接费，后面各项费用的计算同单位估价法。其数学模型如下：

$$工程造价=直接费+间接费+利润+税金$$

即：

以直接费为取费基础的工程造价=

$\left\{\left[\sum_{i=1}^{n}(分项工程量\times定额用工量)_i\times工日单价+\sum_{i=1}^{n}(分项工程量\times定额材料用量)_i\times材\right.\right.$ 料单价$+\sum_{i=1}^{n}(分项工程量\times定额机械台班量)_i+台班单价]\times(1+措施费费率+间接费费率+利润率)\}\times(1+税率)$

以人工费为取费基础的工程造价=

$\left\{\left[\sum_{i=1}^{n}(分项工程量\times定额用工量)_i\times工日单价\times(1+措施费费率+间接费费率+利润率)\right]\right.$ $+\sum_{i=1}^{n}(分项工程量\times定额材料用量)_i\times材料单价+\sum_{i=1}^{n}(分项工程量\times定额机械台班量)_i\times台班$ 单价$\}\times(1+税率)$

3. 分项工程完全单价计算法

分项工程完全单价计算法的特点是，以分项工程为对象计算工程造价，再将分项工程造价汇总成单位工程造价。该方法从形式上类似于工程量清单计价法。但又有本质上的区别。

分项工程完全单价计算法的数学模型为：

以直接费为取费基础的工程造价=

$$\sum_{i=1}^{n}(分项工程量\times定额基价)_i\times(1+措施费费率+间接费费率+利润率)\times(1+税率)$$

以人工费为取费基础的工程造价=

$$\sum_{i=1}^{n}\{[(分项工程量\times定额基价)_i\times(分项工程量\times定额用工量\times工日单价)\times(1+措施费费$$ 率+间接费费率+利润率$)]\times(1+税率)_i$

4. 定额计价模式编制建筑工程预算的程序与依据

定额计价模式编制建筑工程预算的程序与依据如图 3-1 所示。

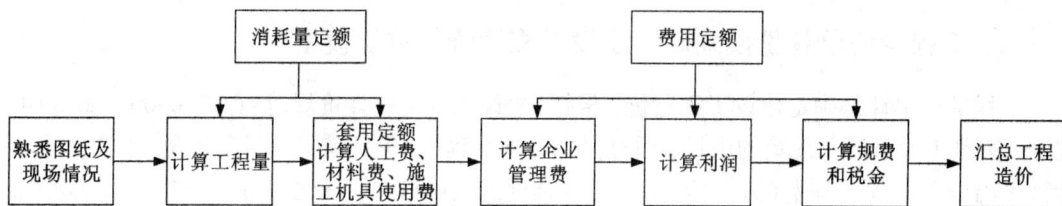

图 3-1 定额计价模式计价步骤

五、工程量清单计价模式确定建筑工程预算造价的方法

工程量清单计价确定建筑工程预算造价的方法见 2.4 节工程量清单计价编制理论与方法。

2.4 工程量清单计价编制理论与方法

一、工程量清单计价模式

为了使我国工程造价管理与国际接轨，2003 年，我国颁布了《建设工程工程量清单计价规范》。"2003 规范"实施以来，在各地和有关部门的工程建设中得到了有效推行，但也存在一些不足之处，经过两年多起草和多次修改论证，2008 年 7 月 9 日发布了《建设工程工程量清单计价规范》（GB50500—2008），从 2008 年 12 月 1 日起开始实施，要求"全部使用国有资金或国有资金投资为主的工程建设项目必须采用工程量清单计价"，全面推广工程量清单计价方式。随着我国建设市场的不断成熟和发展，总结《建设工程工程量清单计价规范》2008 年版实施的经验，针对执行中存在的问题，中华人民共和国住房和城乡建设部和中华人民共和国国家质量监督检验检疫总局于 2012 年 12 月 25 日联合发布了新的《建设工程工程量清单计价规范》（GB50500—2013），自 2013 年 7 月 1 日起开始实施，原《建设工程工程量清单计价规范》（GB50500—2008）同时废止。

工程量清单计价模式是指按照工程量清单计价规范规定的全国统一工程量计算规则，由招标方提供工程量清单和有关技术说明，投标人根据自身的技术、财务、管理能力和市场价格进行投标报价的一种计价模式。工程量清单计价模式的计价步骤如图 3-2 所示。

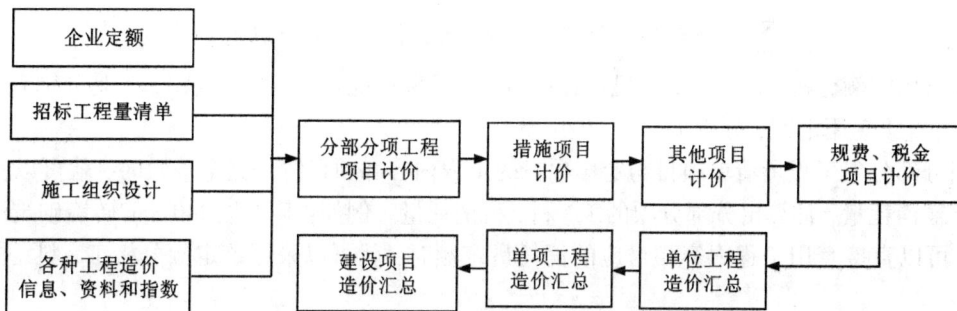

图 3-2 清单计价模式计价步骤

二、工程量清单计价模式确定建设工程造价的数学模型

工程量清单计价确定建设工程造价，根据《建设工程清单计价规范》（GB50500—2013）的规定，按照工程量清单规定的项目，通过分部分项工程量(单价措施项目工程量)乘以综合单价计算出分部分项工程费(人工费)后，计算总价措施项目费、其他项目费、规费、税金，最后汇总为工程造价的方法。其数学模型如下：

工程造价＝分部分项工程费＋措施项目费＋其他项目费＋规费＋税金

即：

分部分项工程费 $=\sum_{i=1}^{n}$ (分部分项工程量×综合单价)$_i$

单价措施项目费 $=\sum_{i=1}^{n}$ (单价措施项目工程量×综合单价)$_i$

总价措施项目费 $=\sum_{i=1}^{n}$ (计算项目×有关规定或自主报价)$_i$

规费 $=\sum_{i=1}^{n}$ (规费项目×有关费用标准)$_i$

税金＝[分部分项工程费＋措施项目费(单价措施项目和总价措施项目)＋其他项目费＋规费]×规定税率

三、工程量清单计价编制内容

工程量清单计价编制内容包括：工料机消耗量的确定、综合单价确定、措施项目费的确定和其他项目费的确定。

1. 工料机消耗量的确定

工料机消耗量是根据分部分项工程量和有关消耗量定额计算出来的。其计算公式为：

分部分项工程人工工日＝分部分项主项工程量×定额用工量＋

$\sum$ (分部分项附项工程量×定额用工量)

分部分项工程某种材料用量＝分部分项主项工程量×某种材料定额用量＋

$\sum$ (分部分项附项工程量×某种材料定额用量)

分部分项工程某种机械台班用量＝分部分项主项工程量×某种机械定额台班量＋

$\sum$ (分部分项附项工程量×某种机械定额台班量)

在套用定额分析计算工、料、机消耗量时，分两种情况：一是直接套用，二是分别套用。

(1)直接套用定额，分析工、料、机用量

当分部分项工程量清单项目与定额项目的工程内容和项目特征完全一致时，就可以直接套用定额消耗量，计算出分部分项的工、料、机消耗量。例如：某工程240 mm砖墙砌筑清单项目，可以直接套用工程内容相对应的消耗量定额时，就可以采用该定额分析工、料、机消耗量。

(2)分别套用不同定额，分析工、料、机用量

当定额项目的工程内容与清单项目的工程内容不完全相同时，需要按清单项目的工程内

容，分别套用不同的定额项目。例如：某工程 M5 水泥砂浆砌砖基础清单项目，还包含了水泥砂浆防潮层附项工程量时，应分别套用水泥砂浆防潮层消耗量定额和 M5 水泥砂浆砌砖基础消耗量定额，分别计算其工料机消耗量。

2.综合单价的确定

综合单价是有别于预算定额基价的另一种计价方式。

综合单价以分部分项工程项目为对象，从我国的实际情况出发，包括了除规费和税金以外的，完成分部分项工程量清单项目规定的单位合格产品所需的全部费用。

综合单价主要包括：人工费、材料费、机械费、管理费、利润和风险费等费用。

综合单价不仅适用于分部分项工程量清单，也适用于措施项目清单、其他项目清单的计算等。

综合单价的计算公式表达为：

分部分项工程量清单项目综合单价=分部分项工程的费用(人工费+材料费+机械费+管理费+利润)/分部分项工程清单工程量

式中：

$$人工费=\sum_{i=1}^{n}(定额工日×人工单价)_i$$

$$材料费=\sum_{i=1}^{n}(某种材料定额消耗量×材料单价)_i$$

$$机械费=\sum_{i=1}^{n}(某种机械台班使用量×台班单价)_i$$

$$管理费=人工费(或直接费)×管理费费率$$

$$利润=人工费(或直接费)×利润率$$

3.措施项目费的确定

措施项目费包括单价措施项目费和总价措施项目费。

(1)单价措施项目费

单价措施项目费是指可以通过按施工图计算工程量后，套用预算定额编制出综合单价的计算项目费。例如：模板费、脚手架费、大型机械设备进出场及安拆费、垂直运输机械费等，都可以根据已有的定额数据计算确定。其计算方法与分部分项工程费的计算方法相同。

(2)总价措施项目费

总价措施项目费是指不能计算工程量，只能通过规定的计算基础和费率计算出的措施项目费。例如：临时设施费、安全文明施工费、二次搬运费、冬雨季施工增加费等，都可以按定额人工费或者定额直接费为基础乘以规定的系数计算。

4.其他项目费的确定

其他项目费中，可以列入暂列金额和工程暂估价，可以根据工程暂估价和招标文件规定，计算总承包服务费。计日工项目费应根据"计日工"表的内容确定。

5.规费的确定

社会保险费、住房公积金等规费是按工程造价行政主管部门文件规定的计算基础和费率确定的。

6.税金

税金是按工程造价行政主管部门文件规定的计算基础和费率确定的。

四、工程量清单计价的编制程序

单位工程招标控制价/投标报价编制程序(湖南省)见表 3-3。第一步:计算分部分项工程费;第二步:计算措施项目费;第三步:计算其他项目费;第四步:计算税金;第五步:汇总成单位工程造价。

表 3-3 单位工程招标控制价/投标报价汇总表

工程名称: 　　　标段: 　　　第　页共　页

序号	工程内容	计算基础说明	费率	金额	其中: 暂估价/元
一	分部分项工程费	分部分项合计			
1	直接费				
1.1	人工费				
1.2	材料费				
1.2.1	其中:工程设备费/其他				
1.3	机械费				
2	管理费				
3	其他管理费				
4	利润				
二	措施项目费	1+2+3			
1	单价措施项目费				
1.1	直接费				
1.1.1	人工费				
1.1.2	材料费				
1.1.3	机械费				
1.2	管理费				
1.3	利润				
2	总价措施项目费				
3	绿色施工安全防护措施项目费				
3.1	其中安全生产费				
三	其他项目费				
四	税前造价	一+二+三			
五	销项税额/应纳税额				
	单位工程建安造价	四+五			

2.5 工程结算编制理论与方法

一、工程结算的概念

工程结算也称工程竣工结算，是指单位工程竣工后，施工单位根据施工实施过程中实际发生的变更情况，对原施工图预算工程造价或工程承包价进行调整、修正、重新确定工程造价的经济文件。

虽然承包商与业主签订了工程承包合同，按合同价支付工程价款。但是，施工过程中往往会发生地质条件的变化、设计变更、业主提出新的要求、施工情况发生了变化等。这些变化通过工程索赔已确认，那么，工程竣工后就要在原来的合同价的基础上进行调整，重新确定工程造价。这一过程就是编制工程结算的主要过程。

二、工程结算的编制程序

1. 工程结算的编制应按准备、编制、定稿三个工作阶段进行，并应实行编制人、审核人和审定人分别署名盖章确认的编审签署制度。

2. 工程结算编制准备阶段主要工作包括以下几个方面：

(1)收集与工程结算相关的编制依据；

(2)熟悉招标文件、投标文件、施工合同、施工图纸等相关资料；

(3)掌握工程项目发承包方式、现场施工条件、应采用的工程计价标准、定额、费用标准、材料价格变化等情况；

(4)对工程结算编制依据进行分类、归纳、整理；

(5)召集工程结算人员对工程结算涉及的内容进行核对、补充和完善；

3. 工程结算编制阶段主要工作包括以下几个方面：

(1)根据工程施工图或竣工图以及施工组织设计进行现场踏勘，并做好书面或影像记录；

(2)按招标文件、施工合同约定方式和相应的工程量计算规则计算分部分项工程项目、措施项目或其他项目的工程量；

(3)按招标文件、施工合同规定的计价原则和计价办法对分部分项工程项目、措施项目或其他项目进行计价；

(4)对于工程量清单或定额缺项以及采用新材料、新设备、新工艺，应根据施工过程中的合理消耗和市场价格，编制综合单价或单位估价分析表；

(5)工程索赔应按合同约定的索赔处理原则、程序和计算方法，提出索赔费用；

(6)汇总计算工程费用，包括编制分部分项工程费、措施项目费、其他项目费、规费和税金，初步确定工程结算价格；

(7)编写编制说明；

(8)计算和分析主要技术经济指标；

(9)工程结算编制人编制工程结算的初步成果文件。

4. 工程结算编制定稿阶段主要工作包括以下几个方面：

（1）工程结算审核人对初步成果文件进行审核；

（2）工程结算审定人对审核后的初步成果文件进行审定；

（3）工程结算编制人、审核人、审定人分别在工程结算成果文件上签名，并应签署造价工程师或造价员执业或从业印章；

（4）工程结算文件经编制、审核、审定后，工程造价咨询企业的法定代表人或授权人在成果文件上签字或盖章；

（5）工程造价咨询企业在正式的工程结算文件上签署工程造价咨询企业执业印章。

三、工程结算的编制依据

（1）建设期内影响合同价格的法律、法规和规范性文件；

（2）施工合同、专业分包合同及补充合同，有关材料、设备的采购合同；

（3）与工程结算编制相关的国务院建设行政主管部门以及各省、自治区、直辖市和有关部门发布的建设工程造价计价标准、计价方法、计价定额、价格信息、相关规定等计价依据；

（4）招标文件、投标文件；

（5）工程施工图或竣工图、经批准的施工组织设计、设计变更、工程洽商、索赔与现场签证、以及相关的会议纪要；

（6）工程材料及设备中标价、认价单；

（7）双方确认追加（减）的工程价款；

（8）经批准的开、竣工报告或停、复工报告；

（9）影响工程造价的其他相关资料。

四、工程结算的编制要求

（1）工程结算一般经过发包人或有关单位验收合格后且点交后方可进行；

（2）工程结算应以施工发承包合同为基础，按合同约定的工程价款调整方式，对原合同价款进行调整；

（3）工程结算应核查设计变更、工程洽商等工程资料的合法性、有效性、真实性和完整性。对有疑义的工程实体项目，应视现场条件和实际需要核查隐蔽工程；

（4）建设项目由多个单项工程或单位工程构成的，应按建设项目划分标准的规定，将各单项工程或单位工程竣工结算汇总，编制相应的工程结算书并撰写编制说明；

（5）实行分阶段结算的工程，应将各阶段工程结算汇总，编制工程结算书，并撰写编制说明；

（6）实行专业分包结算的工程，应将各专业分包工程结算汇总在相应的单项工程或单位工程结算内，并撰写编制说明；

（7）工程结算编制应采用书面形式，有电子文本要求的应一并报送与书面形式内容一致的电子版本；

（8）工程结算应严格按工程结算编制程序进行编制，做到程序化、规范化，结算资料必须完整。

五、工程结算的编制原则

(1)工程结算按工程的施工内容或完成阶段，可分竣工结算、分阶段结算、合同中止结算和专业分包结算等形式编制；

(2)工程结算应根据相应的施工合同进行编制，当合同范围内涉及整个建设项目的，应按建设项目组成将各单位工程汇总为单项工程，再将各单项工程汇总为建设项目，编制相应的建设项目工程结算成果文件；

(3)实行分阶段结算的建设项目，应按合同要求进行分阶段结算，出具各阶段工程结算成果文件。在竣工结算时，将各阶段工程结算汇总，编制相应竣工结算成果文件；

(4)除合同另有约定外，分阶段结算的工程项目，其工程结算文件用于价款支付时，应包括下列内容：①本周期已完成工程的价款；②累计已完成工程的价款；③累计已支付工程的价款；④本周期已完成计日工金额；⑤应增加和扣减的变更金额；⑥应增加和扣减的索赔金额；⑦已抵扣的工程预付款；⑧应扣减的质量保证金；⑨根据合同应增加和扣减的其他金额；⑩本付款周期实际应支付的工程价款。

(5)进行合同中止结算时，应按已完工程的实际工程量和施工合同的有关约定，编制合同中止结算；

(6)实行专业分包结算的工程项目，应按专业分包合同的要求，对各专业分包分别编制工程结算。总承包人应按工程总承包合同的要求，将各专业分包结算汇总在相应的单位工程或单项工程结算内，进行工程总承包结算。

六、工程结算的编制方法

工程结算的编制应区分施工合同类型及工程结算的计价模式，采用相应的工程结算编制方法。(1)施工合同类型按计价方式分为总价合同、单价合同、成本加酬金合同；(2)工程结算的计价模式应分为单价法和实物量法，单价法分为定额单价法和工程量清单单价法；

1.定额计价法

工程结算采用定额计价的应包括：套用定额的分部分项工程量、措施项目工程量和其他项目，以及为完成所有工程量和其他项目并按规定计算的人工费、材料费、设备费、机械费、间接费、利润和税金；

竣工结算的编制大体与施工图预算的编制相同，但竣工结算更加注意反映工程实施中的增减变化，反映工程竣工后实际经济效果。工程实践中，增减变化主要集中在以下几个方面。

1)工程量量差。这种工程量量差是指按照施工图计算出来的工程数量与实际施工时的工程数量不符而发生的差额。造成量差的主要原因有施工图预算错误、设计变更与设计漏项、现场签证等。

2)材料价差。这种价差是指在合同规定的开工至竣工期内，因材料价格变动而发生的价差。一般分为主材的价格调整和辅材的价格调整。主材价格调整主要是依据行业主管部门、行业权威部门发布的材料信息价格或双方约定认同的市场价格的材料预算价格或定额规定的材料预算价格进行调整，一般采用单项调整，辅材价格调整主要是按照有关部门发布的地方材料基价调整系数进行调整。

3）费用调整。费用调整主要有两种情况：一个是从量调整；另一个是政策调整。因为费用（包括间接费、利润、税金）是以直接费（人工费、人工费加机械费）为基础进行计取的，工程量的变化必然影响到费用的变化，这就是从量调整；在施工期间，国家可能有费用政策变化出台，这种政策变化一般是要调整的，这就是政策调整。

4）其他调整。比如有无索赔事项，乙方使用甲方水电费用的扣除等。

定额计价模式下竣工结算的编制格式大致可分为以下三种。

（1）增减账法

竣工结算的一般公式为：

$$竣工结算价=合同价+变更+索赔+奖罚+签证$$

以中标价格或施工图预算为基础，加增减变化部分进行工程结算，操作步骤如下：

1）收集竣工结算的原始资料，并与竣工工程进行观察和对照。结算的原始资料是编制竣工结算的依据，必须收集齐全。在熟悉时要深入细致，并进行必要的归纳整理，一般按分部分项工程的顺序进行。根据原有施工图纸、结算的原始资料，对竣工工程进行观察和对照，必要时应进行实际丈量和计算，并做好记录。如果工程的做法与原设计施工要求有出入时，也应做好记录。在编制竣工结算时，要本着实事求是的原则，对这些有出入的部分进行调整（调整的前提是取得相应签证资料）。

2）计算增减工程量。依据合同约定的工程计价依据（预算定额）套用每项工程的预算价格。合同价格（中标价）或经过审定的原施工图预算基本不再变动，作为结算的基础依据。根据原始资料和对竣工工程进行观察的结果，计算增加和减少的原合同约定工作内容或施工图外工程量，这些增加或减少的工程量或是由于设计变更和设计修改而造成的，或是其他原因造成的现场签证项目等。套用定额子目的具体要求与编制施工图预算定额相同，要求准确、合理。计算的方法：可按变更与签证批准的时间顺序分别计算每个单据的增减工程量。

3）调整材料价差。根据合同约定的方式，按照材料价格签证、地方材料基价调整系数调整材料价差。

4）计算工程费用。

方法一：集中计算费用法。步骤如下：①计算原有施工图预算的直接费用；②计算增加或减少工程部分的直接费；③以此两项直接费合计为基准，再按合同规定的取费标准分别计取间接费、利润、税金；④汇总合计，即为竣工工程结算造价。

方法二：分别取费法。主要适合于工程的变更、签证较少的项目。其步骤如下：①先将施工图预算与变更、签证等增减部分合计计算直接费；②再按合同规定的取费标准分别计取间接费、利润、税金；③汇总合计，即为竣工工程结算造价。

5）如果有索赔与奖罚、优惠等，也要并入结算造价。

（2）竣工图重算法

该法是以重新绘制的竣工图为依据进行工程结算，以能准确反映工程实际竣工效果的竣工图为依据。重新编制施工图预算的过程，所不同的是编制依据不是施工图，而是竣工图。主要适用于设计变更、签证的工程量较多且影响又大时，可将所有的工程量按变更或修改后的设计图重新计算工程量。以此工程量计算直接费，再按合同规定的取费标准分别计取间接费、利润、税金，汇总合计，即为竣工工程结算造价。

（3）包干法

常用的包干法包括按施工图预算加系数包干法和按平方米造价包干法。

1)施工图预算加系数包干法

这种方法是事先由甲乙双方共同商定包干范围，按施工图预算加上一定的包干系数作为承包基数，实行一次包死。如果发生包干范围以外的增加项目，如增加建筑面积、提高原设计标准或改变工程结构等，必须由双方协商同意后方可变更，并随时填写工程变更结算单，经双方签证作为结算工程价款的依据，实际施工中未发生超过包干范围的事项，结算不作调整。采用包干法时，合同中一定要约定包干系数的包干范围。

2)建筑面积平方米包死法

由于住宅工程的平方米造价相对固定、透明，一般住宅工程较适合按建筑面积平方米包死法。实际操作方法是：甲乙双方根据工程资料，事先协商好包干平方米造价，并按建筑面积计算出总造价。计算公式为：工程总造价＝总建筑面积×包干平方米造价。合同中应明确注明平方米造价与工程总造价，在工程竣工结算时一般不再办理增减调整。除非合同约定可以调整的范围，并发生在包干范围之外的事项，结算时仍可以调整增减造价。

2. 工程量清单计价法

工程量清单计价模式下竣工结算的编制方法和传统定额计价结算的大框架差不多，但对于变更，清单更明了，在变更发生时就知道对造价的影响(清单可采用已有或类似单价，不像定额方式，到结算时建设单位可能才知道造价是多少)。

《建设工程工程量清单计价规范》(GB50500—2013)中对计价原则有如下规定。

(1)分部分项工程和措施项目中的单价项目应依据双方确认的工程量与已标价工程量清单的综合单价计算；发生调整的，应以双方承包确认调整的综合单价计算。

(2)措施项目中的总价项目应依据已标价工程量清单的项目和金额计算；发生调整的，应以发承包双方确认调整的金额计算，其中安全文明施工费应按国家或省级、行业建设主管部门的规定计算。

(3)其他项目应按下列规定计价。①计日工应按发包人实际签证确认的事项计算；②暂估价应按计价规范相关规定计算；③总承包服务费应依据已标价工程量清单的金额计算；发生调整的，应以发承包双方确认调整的金额计算；④索赔费用应依据发承包双方确认的索赔事项和金额计算；⑤现场签证费用应依据发承包双方签证资料确认的金额计算；⑥暂列金额应减去合同价款调整(包括索赔、现场签证)金额计算，如有余额归发包人。

(4)规费和税金按国家或省级、建设主管部门的规定计算。规费中的工程排污费应按工程所在地环境保护部门规定标准缴纳后按实列入。

(5)发承包双方在合同工程实施过程中已经确认的工程计量结果和合同价款，在竣工结算办理中应直接进入结算。

(6)增减帐法。一般中小型的民用项目，结构简单、施工图纸清晰齐全、施工周期短的工程，增加投标方核标答疑工作时，一般可采用：

$$工程结算价＝中标价＋变更＋索赔＋奖罚＋签证$$

该法以招标时工程量清单报价为基础，加增减变化部分进行工程结算。

如采用可调价格合同形式，若合同约定中标综合单价可调整的条件(分项工程量增减超过15%)，遇到相应条件时综合单价也可以调整。

(7)竣工图重算法。

该法是以重新绘制的竣工图为依据进行工程结算，工程结算编制的方法同工程量清单报价的方法，所不同的是依据的图纸由施工图变为竣工图。各种合同类型下清单的结算方法见表3-4。

表3-4　结算方法归纳表

合同类型 清单内容	固定单价合同	固定总价合同	可调价格合同	成本加酬金合同
分部分项清单	$\sum$ 实际工程量 ×计划单价	$\sum$ 实际工程量 ×计划单价	按合同约定 调整方法	$\sum$ 实际工程量× (单位成本+单位利润)
措施项目清单	一般不调，除非 合同约定可调	一般不调，除非 合同约定可调	按合同约定 调整方法	$\sum$ 实际工程量× (单位成本+单位利润)
其他项目清单	按实结算	事前确定	按合同约定 调整方法	$\sum$ 实际工程量× (单位成本+单位利润)
规费、税金	随以上调整	一般固定	随以上调整	一定比率

七、工程竣工结算编制成果文件形式

1. 工程结算成果文件的形式

一般包括以下几个方面：

①工程结算书封面；②签署页；③目录；④工程结算编制说明；⑤工程结算相关表式；⑥必要的附件。

2. 工程结算相关表式

包括以下几个方面：

①工程结算汇总表；②单项工程结算汇总表；③单位工程结算汇总表；④分部分项(措施、其他)结算汇总表；⑤必要的相关表格。

3. 结算编制文件组成

工程结算文件一般由工程结算汇总表、单项工程结算汇总表、单位工程结算汇总表、分部分项(措施、其他)结算汇总表及结算编制说明等组成。

工程结算编制说明可根据委托的实际情况，以单位工程、单项工程或建设项目为对象进行编制，并应说明以下内容：①工程概况；②编制范围；③编制依据；④编制方法；⑤有关材料、设备、参数和费用说明；⑥其他有关问题的说明。

工程结算文件提交时，受委托人应当同时提供与工程结算相关的附件，包括所依据的发承包合同调整条款、设计变更、工程洽商、材料及设备定价单、调价后的单价分析表等与工程结算相关的书面证明材料。

【思政港湾】

【基础知识练习】

一、单选题(以下各题有且只有一个正确答案)

1. 工程量是指用物理计量单位或自然计量单位表示的( )实物数量。
   A. 分部工程　　　　B. 分项工程　　　　C. 单位工程　　　　D. 单项工程

2. 工程结算的编制时,采用( )合同的,应在合同价基础上对设计变更、工程洽商以及工程索赔等合同约定可以调整的内容进行调整。
   A. 总价　　　　B. 单价　　　　C. 成本加酬金　　　　D. 中标价

3. 工程结算采用( )的工程费用应包括以下几个方面:①分部分项工程费;②措施项目费;③其他项目费;④规费;⑤税金。
   A. 工程量清单计价法　　　　　　B. 定额计价法
   C. 分项预算法　　　　　　　　　D. 累加法

4. ( )是经过逐步分解的能够用较为简单的施工过程生产出来的,可以用适当计量单位计算的建筑产品基本构造要素。
   A. 分部工程　　　　B. 分项工程　　　　C. 单位工程　　　　D. 单项工程

5. ( )是在初步设计或扩大初步设计阶段,由设计单位根据初步设计或扩大初步设计图纸,概算定额、指标,工程量计算规则,材料、设备的预算单价,建设主管部门颁发的有关费用定额或取费标准等资料预先计算工程从筹建至竣工验收交付使用全过程建设费用经济文件。简言之,即计算建设项目总费用。
   A. 投资估算　　　　B. 设计概算　　　　C. 施工图预算　　　　D. 工程结算

二、多选题(以下各题有两个及两个以上正确答案)

1. 工程结算成果文件的形式一般包括以下( )方面。
   A. 工程结算书封面　　　　　　B. 签署页
   C. 目录　　　　　　　　　　　D. 工程结算编制说明

2. 综合单价主要包括:( )、利润和风险费等费用。
   A. 人工费　　　　B. 材料费　　　　C. 机械费　　　　D. 管理费

3. 工程概算的编制方法有( )。
   A. 工程量清单计价法　　　　　B. 概算定额法
   C. 概算指标法　　　　　　　　D. 类似工程预算法

4. 工程量清单计价模式下建设工程造价由( )部分构成。

A. 分部分项工程费　　　　　　　B. 措施项目费

C. 其他项目费　　　　　　　　　D. 规费

E. 管理费

5. 以下属静态投资估算方法的有(　　　)。

A. 比例估算法　　　B. 朗格系数法　　　C. 生产能力指数法　　D. 工料单价法

【基本技能训练】

1. 试写出工程量清单计价模式确定建设工程造价的数学模型。

2. 试写出工程结算采用工程量清单计价法时各种合同类型下清单的结算方法。

参考文献

［1］中华人民共和国人力资源和社会保障部，中华人民共和国住房和城乡建设部.建设工程劳动定额(LD/T 72.1~11—2008).北京：中国计划出版社，2009

［2］中华人民共和国住房和城乡建设部.建设工程工程量清单计价规范(GB50500—2013).北京：中国计划出版社，2013

［3］中华人民共和国住房和城乡建设部.建筑工程建筑面积计算规范(GB/50353—2013).北京：中国计划出版社，2013

［4］中华人民共和国建设部标准定额司.全国统一建筑工程基础定额(GJD—101—95).北京：中国计划出版社，1995

［5］湖南省建设工程造价管理总站.湖南省房屋建筑与装饰工程消耗量标准(上、下册).长沙：湖南科学技术出版社，2020

［6］湖南省建设工程造价管理总站.湖南省建设工程计价办法.长沙：湖南科学技术出版社，2020

［7］袁建新，袁媛.工程造价概论.北京：中国建筑工业出版社，2019

［8］方春艳.工程结算与决算.北京：中国电力出版社，2016

［9］袁建新等.建筑工程定额与预算.成都：西南交通大学出版社，2020

［10］陈贤清.工程建设定额原理与实务.北京：北京理工大学出版社，2009

［11］张根凤.建筑工程预算与工程量清单计价.重庆：重庆大学出版社，2010

［12］闫瑾.建筑工程计量与计价.北京：机械工业出版社，2008

［13］尹贻林，严玲.工程造价概论.北京：人民交通出版社，2009

［14］肖飞剑，万小华.建筑工程计量与计价.北京：中国建材工业出版社，2012

图书在版编目(CIP)数据

工程造价原理／万小华，付云霞，肖飞剑主编. —长沙：
中南大学出版社，2021.9

高职高专土建类"十三五"规划"互联网+"系列教材

ISBN 978-7-5487-4620-1

Ⅰ. ①工… Ⅱ. ①万… ②付… ③肖… Ⅲ. ①建筑造价
管理－高等职业教育－教材 Ⅳ. ①TU723.31

中国版本图书馆 CIP 数据核字(2021)第 155376 号

工程造价原理
GONGCHENG ZAOJIA YUANLI

主编 万小华 付云霞 肖飞剑

□责任编辑	周兴武
□责任印制	唐 曦
□出版发行	中南大学出版社

社址：长沙市麓山南路　　　邮编：410083
发行科电话：0731-88876770　　传真：0731-88710482

□印　　装　湖南蓝盾彩色印务有限公司

□开　　本　787 mm×1092 mm 1/16　□印张 13.5　□字数 338 千字
□版　　次　2021 年 9 月第 1 版　□印次 2021 年 9 月第 1 次印刷
□书　　号　ISBN 978-7-5487-4620-1
□定　　价　45.00 元

图书出现印装问题，请与经销商调换